衣食住行实用手册

杨晓光 赵春媛 编著

◎衣着篇

◎饮食篇

◎居家篇

◎出行篇

金盾出版社

内　容　提　要

本书汇集了与老百姓衣食住行密切相关的各类信息，运用通俗易懂的文字、简单有序的形式，介绍吃、穿、住、行等方方面面的生活知识，集科学性、实用性、针对性、可操作性为一体，让读者准确无误地找到处理问题的方法。

图书在版编目(CIP)数据

衣食住行实用手册/杨晓光，赵春媛编著．-- 北京 ：金盾出版社，2013.2
ISBN 978-7-5082-7991-6

Ⅰ.①衣…　Ⅱ.①杨…②赵…　Ⅲ.①生活—知识　Ⅳ.①TS976.3

中国版本图书馆 CIP 数据核字(2012)第 255153 号

金盾出版社出版、总发行
北京太平路 5 号(地铁万寿路站往南)
邮政编码：100036　电话：68214039　83219215
传真：68276683　网址：www.jdcbs.cn
封面印刷：北京精美彩色印刷有限公司
正文印刷：北京万友印刷有限公司
装订：北京万友印刷有限公司
各地新华书店经销
开本：705×1000　1/16　印张：12.5　字数：168 千字
2013 年 2 月第 1 版第 1 次印刷
印数：1～6 000 册　定价：27.00 元

衣着篇

目
录

饮食篇

目录

居家篇

目录

出行篇

目录

目
录

目录

衣着篇

什么质料的衣服更健康

以下四种质料的衣服相对其他质料会更健康些

丝绸衣服 丝绸衣服兼具舒适及美观，在炎炎的夏日，穿上一袭纯丝洋装，保证通体凉快舒畅。美中不足的是丝绸衣服只能干洗，否则容易褪色变形，对经济宽裕者来说这是首选。

棉质衣服 棉质衣服除天然、不易使人过敏外，还有一个最大的优点就是便宜好洗，唯一缺点就是易皱。质感则与质量有关，所以棉质衣服可说是物美价廉的选项。

人造丝 人造丝清爽舒适，质感佳，清洗方便，皱褶时用水喷一喷挂起，隔夜就恢复笔挺。

纱质衣服 纱质服装适合爱美的女性穿着，兼具飘逸与舒适等优点。有人会问，如果衣服内无成分标示，如何判断？其实很简单，无成分标示或标示不符的衣服中，少有好货，消费者不必冒险。通常情况下，标示越详细的越有品质保证。

什么服装更环保

纺织品中的甲醛因印花或染色而带入服装中，穿着和使用甲醛含量高的纺织品，会通过呼吸或皮肤的接触引起呼吸道或皮肤炎症，所以选购带有环保标志的服装，尤其是内衣，对健康非常重要。

通常浅色服装比深色服装更环保，因为浅色服装面料在生产中被污染的机会相对较小。同时，尽量选择没有衬里或垫肩的衣服，因为粘衬需要胶水，而大部分胶水是用甲醛来做溶剂的。如购买了免熨的裤子也应该多洗几次再穿，这样可以把布料上残留的游离甲醛去掉。

另外，应当心所谓的“出口转内销”产品，因为这些服装中有由于衬里和垫肩存在环保问题而被退回的产品。

有些新衣服一打开包装，气味就特别大，或有颜色的衣服在洗涤甚至出汗时都会掉色，这都不是环保型服装，会对人体造成危害。

⊙ 服装选购的健康之道

优选 从色泽上讲，浅色优于深色，特别是贴身内衣裤以及孩子的服装应首选浅色。另外，尽量选择没有衬里或垫肩的，因为粘衬需要胶水，而大部分胶水是用甲醛做溶剂。

细闻 选购服装时仔细闻闻有否令人不舒服的气味，若有类似于新装修家居的气味就不宜购买。

洗涤 新选购的衣裤、床上用品以及童装最好先用清水充分漂洗，将甲醛等有害物洗掉一些，以增加安全性。

如出现皮肤过敏、气喘咳嗽、饮食欠佳等症状，应考虑是否为新买服装问题。

⊙ 运动着装的选择

健身着装可以随意，但要讲究科学性。特别是脚下的鞋要选合脚的、弹性较好的专业跑步鞋、综合运动鞋等。因为在运动时，尤其是在跑跳时，地面对人体的反作用力会通过脚上的鞋向上传导，对踝关节、膝关节、脊柱、大脑及内脏等都有不同程度的冲击。时间一长，就会造成关节的劳损和其他部位的不良反应，如头晕、恶心等。质量较好的鞋可以缓冲地面的冲击力，减少人体受伤的可能。

此外，喜欢跳健身操的人可选择有弹性的运动服装，以动作不受束缚为好。棉制服装吸汗性较强，适合运动时穿着。有人为减肥，喜欢穿化纤紧身衣运动，化纤紧身衣的确可促使人在运动时大量出汗，但是减轻的体重很容易反弹。另外，该类服装还会阻碍身体活动，影响锻炼效果。

衣服越轻越有利于健康，轻便的衣服对人的行动无约束且不妨碍呼吸及血液循环。如衣服的总重量超过4公斤，就会严重妨碍行动。

⊙ 购买和使用棉质衣服三项注意

1. 其实100% 棉的面料弹性差，易掉色和被染色。如果不是特别敏感的皮肤，90%～95%的棉质衣服反而会比100%纯棉衣服穿起来舒服些。

2. 在洗涤棉质衣服时，不宜浸泡过久(不超过15分钟)，而且应用冷水浸泡。

3. 新买的全棉衣服，第一次洗之前，可用淡盐水浸泡约15分钟来固色；全棉衣物深色与浅色最好分开洗涤，在晾晒时也应避免拉扯，可以采取对折挂晒或者平铺放在晾衣篮里晾晒。

⊙ 穿深色服装更防晒

研究表明，在炎热的夏季，穿黑衣服比白衣服更凉爽。这是因为，人体的热量可通过辐射、传导、对流和蒸发的方式向外散发。虽然黑色衣服比白色衣服吸热多，但吸收的热量可成为衣服内空气对流的动力，将皮肤表面的汗液和部分热量带走，人体自然感觉凉爽。

⊙ 阳光下穿红装有利于健康

在阳光下穿红色的衣裙能减轻紫外线对皮肤的损害。这是因为紫外线易被波长最长的红色可见光接纳吸收住，因此穿红色衣服可以吸收、过滤掉更多的太阳紫外线，从而可减轻紫外线对皮肤的损害。至于面料，当以混纺的T恤衫为佳，其最佳混合比例为33%的棉和67%的聚酯。

⊙ 怎样预防衣物甲醛污染

1. 含甲醛的助剂能提高棉布的硬挺度，因此尽量不要购买进行过抗皱处理的服装。

2. 尽量选择印花小且软的童装，也避免购买漂白过的童装。

3. 有刺激性气味的服装尽量不购买。新服装特别是童装买回家后，最好先用清水充分漂洗，无法漂洗的则充分晾晒。

4. 免烫衬衫要打开包装晾1~2天再穿。

⊙ 警惕免烫服装成健康杀手

由于棉、晴纶以及一些混纺织物“防缩抗皱”性较差，近年来适应消费者需求的“免烫”服装概念也就应运而生。

所谓免烫，是一种使得服装经家庭洗涤和干燥后无须熨烫或仅需轻烫就能满足日常生活所需的外观平整度、接缝外观和尺寸稳定的一种工艺。纺织品研究专家杨建海说，为达到这种效果，服装在加工过程中一般都要进行树脂处理，而目前大部分树脂整理剂都是N-羟甲醛酰胺类化合物，它们在织物整理、服装制造和穿着使用过程中会释放出游离甲醛。

人体吸入甲醛可以引起慢性呼吸道疾病、结膜炎、咽喉炎、哮喘、支气管炎等疾病，甚至可能诱发癌症，所以消费者应该慎重选购免烫服装。

⊙ 服装色彩对情绪的影响

虽然服装的首要功能是遮体、御寒，但服装的色彩对人的心理情绪和健康有着极其微妙的影响。不同的颜色会给大脑带去不同的刺激，从而使人产生不同的心理感受。

由于吸收辐射热由弱到强的颜色依次顺序是白、土黄、米灰、绿、红、青、黑等，所以夏天老年人不宜穿深色衣服，以免产生压抑、沉重等负面情绪。

如果在精神上渴求稳定的情绪，希望减少因紧张而产生的压力，那么就要选择暗色。相反，如果在精神上想充分发挥创造力，则要选择明朗色。

⊙ 幼儿衣着的美与卫生

给孩子选购衣服，兼顾漂亮、卫生是可以做到的。儿童的特点是喜动活泼，为他们选择衣服时，一定要根据这个特点选用吸汗、透气良好的衣料，以棉布最佳。化纤织物透气和吸湿性差，孩子穿在身上不舒服。尤其是夏天，出汗多，往往会捂出痱子。此外，幼儿的衣服应稍肥大，以利于活动，臀部做得太瘦的童裤，会影响孩子的下蹲等活动和生长发育。孩子的贴身衣服最好选用柔软吸汗的棉针织品，以防孩子皮肤受到刺激。女孩夏天穿的连衣裙，上身用布，下面的裙子用的确良，这样既穿着舒适又有装饰效果。幼儿的衣服不要有过多的装饰品，以免孩子吞食碎小的装饰物，如小珠子等。

⊙ 宝宝穿衣八项注意

注意一：给宝宝穿上贴身内衣裤 有的妈妈认为只要外面穿上厚衣服就可以保暖，不注意宝宝的内衣。其实柔软的棉内衣不仅可以吸汗，而且还能让空气保留在皮肤周围，阻断体内温度的丢失，使宝宝不容易受凉生病。

注意二：毛线衣裤要慎选 如果宝宝是过敏体质，建议家长慎选或选择其他材质的保暖衣裤，因为毛线材质容易掉落细小的毛线绒，吸入这些细绒容易引起哮喘等过敏症。

注意三：棉服要轻薄 许多爸爸妈妈认为只有厚厚的羽绒服才是最保暖的，其实不然，小棉服中蓬松的棉花可以吸收很多空气形成保护层，不易让冷空气入侵，有很好的保暖作用。

注意四：干爽透气的小袜子 宝宝一旦脚冷，身体也很容易发冷。让宝宝的脚部感觉温暖非常关键。很多家长错误地认为宝宝的袜子越厚越保暖，其实袜子太厚宝宝的脚容易出汗，袜子一潮湿就会使宝宝的脚底发凉，反射性地引起呼吸道抵抗力下降而患上感冒。因此要给宝宝选择薄厚适中、透气性好的纯棉袜子。

注意五：柔软合脚的鞋子 有些家长认为孩子长得很快，买鞋应选大号，但是鞋子太大，宝宝走路不跟脚，脚上的热量容易散失。所以鞋子的大小要以宝宝感觉稍稍宽松一些为宜，质地也以透气又吸汗的全棉为最好。在天寒地冻的北方，为宝宝选择鞋时，还要注意鞋底的防滑、防冻。

注意六：保持体温的帽子 人体25%的热量是由头部散发的，所以出门一定要给宝宝戴帽子。帽子的厚度要随气温情况而增减。最好给宝宝戴舒适透气的软布做成的帽子，不要给宝宝选用有毛边的帽子，毛边容易刺激宝宝皮肤。

注意七：判断情况再加衣 许多爸爸妈妈就怕宝宝冻着，所以一出门就给宝宝穿得很多，宝宝一旦活动便会出汗，衣服被汗液湿透，反而容易着凉，久而久之，宝宝身体对外界气温变化的适应能力也下降了。判断宝宝穿着是否合适，可经常摸摸他的小手和小脚，只要不冰凉就说明他们的身体是暖和的，衣服穿着还算合适。

注意八：不要护口鼻 在寒冷的北方，不少爸爸妈妈都习惯给宝宝戴上口罩或者用围巾护住口鼻，以为这样宝宝的小脸就不会冻着了。其实，经常这样做会降低宝宝上呼吸道对冷空气的适应性，使宝宝缺乏对伤风感冒、支气管炎等病的抵抗能力。而且，因围巾多是纤维制品，如果用它来护口，会使纤维吸入宝宝体内，可能会使过敏体质的宝宝发生哮喘症，有时候还会因围巾厚，堵住宝宝的口鼻而影响到宝宝正常的肺部换气。

⊙ 儿童穿衣应“三暖二凉”

换季时，儿童很容易感冒伤风。预防之道就是要注意气候变化，冷热当心。白天风大时要加衣服，孩子在外面玩得满头大汗回家时要注意帮其擦拭，不要把衣服脱掉吹风。夜凉之时，要注意为孩子盖被。儿科专家介绍，小儿穿衣要注意“三暖二凉”，否则很容易患病。

背暖 保持背部的“适当温暖”可以减少感冒机会。“适当温暖”就是不可“过暖”，过暖则背部出汗多，反而因背湿而患病。

肚暖 肚子是脾胃之所，保持肚暖即是保护脾胃。孩子常脾胃不足，当冷空气直接刺激腹部，孩子就会肚子痛，从而损伤脾胃功能，影响到营养物质的消化吸收。另外，中医还认为，脾胃与免疫功能有关。所以，“肚暖”是孩子保健的重要一环，睡觉时围上肚兜，是保持肚暖的好方法。

足暖 脚部是阴阳经穴交会之处，皮肤神经末梢丰富，是对外界最为敏感的地方。孩子的手脚保持温暖，才能保证身体适应外界气候的变化。

头凉 从生理学的角度来讲，孩子经由体表散发的热量，有1/3是由头部发散，头热容易导致心烦头晕，所以中医认为，头部最容易“上火”，孩子患病更是头先热。如果孩子保持头凉、足暖，则必定神清气爽，气血顺畅。

心胸凉 穿着过于厚重臃肿，会压迫到胸部，影响正常的呼吸与心脏功能。穿着过厚，还容易造成心烦与内热。

⊙ 不同年龄的儿童着装须知

1. 出生 4 个月前的婴孩，由于四肢不能完全伸直，颈部较短，因此不宜穿有衣领或式样较复杂的服装，宜穿“和尚服”。“和尚服”宜用质地细软的布料、棉纺织品制成，同时衣服的袖子和裤脚应当做得宽大些。不宜给孩子穿毛衣或合成纤维布料制成的衣服。

2. 学龄前儿童的衣裤以宽大为宜，衣服式样仍应从简。不宜给女孩子穿开裆裤，穿开裆裤易使女孩的泌尿系统感染。不要给孩子穿对胸腹部约束过紧的衣裤，如牛仔裤等。

3. 深色颜料染的布对孩子皮肤有刺激，易使孩子患上皮炎，因此不宜给孩子穿深颜色的衣服。

4. 不会跑的孩子应穿软鞋，如民间流行的“老虎鞋”等。两岁以后的孩子仍应穿布鞋和跑鞋等软底鞋，不能给孩子穿硬底皮鞋和中、高跟鞋。

⊙ 宝宝不宜穿花衣服

鲜艳的儿童服装在制作过程中会添加较多的染色材料，因此衣服含铅量偏高。铅可以通过皮肤被吸收，容易造成铅中毒，进而影响宝宝的胃肠道和牙齿发育，并会引起腹痛。

⊙ 宝宝夏季穿啥衣服最舒适

1. **柔软的棉织衣服** 婴幼儿的皮肤娇嫩，在选购时一定要注意“软”字当头。选用柔软的棉布或棉质绒布制成的衣服可避免擦伤孩子的皮肤。

2. **适当偏大的衣服** 婴幼儿生长发育较快，服装宜稍大一些，过小的衣服会使婴幼儿不舒服，影响孩子的生长发育。有松紧带的衣服不适宜婴幼儿穿，因为松紧带会压迫胸部和腰部。稍大的衣服穿脱方便，不会因为穿脱衣服费时间而使孩子着凉。

3. **婴幼儿衣服具体式样** 夏季童装以方领、圆领、小尖领为好。婴幼儿衣服最好在前面开襟，纽扣不宜多，便于儿童自己脱穿。另外，选择宽腰式的衣裙能起到宽松、凉爽的作用。

在选择上衣时，袖子不宜过长，袖子太长，孩子的手臂活动不方便，不能做些精细的动作，减少了手指活动的机会，对孩子的大脑发育不利。

⊙ 宝宝秋季穿衣方法

室内外穿衣有别，在户外别忘薄外套 天凉好个秋，爸爸妈妈若要和小宝宝一起出门，别忘了外出时一定得带上外套和长裤，即使只是前往距离很近的地方，都要经过短暂的户外道路，此时更应给宝宝做好防风保暖的工作。

特别提醒：秋天应给宝宝准备帽子，帽子的功能很多，白天可以遮阳、天凉了可以保暖、保护头皮。保护好宝宝的头部，宝宝受凉的概率便会大大降低。

回家后不急着脱外套 天气转凉，爸爸妈妈出门时一般都会记得帮宝宝穿上外套。但新手爸妈们要注意，从外面回家后，先别急着给宝宝脱外套，毕竟婴儿适应温度的能力不及大人，还是应该先让宝宝稍微适应一下室内的温度，再脱衣服。

特别提醒：如果外面下着毛毛雨，回家后应立即换上干爽的衣服，以免宝宝感冒。

给宝宝穿衣需灵活机动 所谓“灵活机动的穿着方式”就是棉质的薄背心，加同样棉质的T恤。

棉质的薄背心非常好用，妈妈不妨观察一下宝宝的情况，如果从事动态活动就先不要穿背心，只穿着T恤；而如果从事静态活动则加上背心；外出时可在起风了或下雨后穿背心。这样的穿衣方式就是一种“灵活机动的穿着方式”。

随时调节穿着 宝宝对气温的敏感度比大人要高得多，而入秋后的温度总是很难预料的。

聪明的爸爸妈妈应遵守“天热时，宝宝比妈妈少穿一件，天冷时，宝宝比妈妈多穿一件”的原则。

此外，对于还不会用语言表达自己感觉的宝宝，大人不妨经常触摸宝宝的四肢，如果是温温的，就表示宝宝现在对温度是感到舒服的；如果摸起来凉凉的，或者是手脚皮肤呈现花花的犹如蕾丝般的花纹，那就如同宝宝在说：“我冷了，爸爸妈妈该给我加衣服了。”

⊙ 老年人衣着与健康

老年人因体温调节功能降低，皮肤汗腺萎缩，冬怕冷、夏惧热。因此，老年人衣着服饰的选择，应以暖、轻、软、宽大、简单为原则。

夏季，老年人不要穿深色的衣服，要选择通气性好、开口部分宽、穿着舒服的衣服。丝绸不易与湿皮肤紧贴，易于散热，做夏装最合适。

冬季，老年人要选择那些保暖性能好的衣服，但不要穿得太多，以免出微汗，着凉感冒。

秋季，穿衣时要特别注意身体重要部位的保温，上半身要注意背部和上臂的保暖，下半身要注意腹部、腰部和大腿的保暖。加一件棉背心，戴顶“老头帽”，对防止受凉会很有帮助。冬天的棉裤较重，易下坠，最好做成背带式。

老年人的衣服要求宽大、轻软、合体，样式要简单、穿脱方便，不要穿套头衣服，宜穿对襟服装。

老年人的贴身衣服最好选用棉织品，不宜穿化纤衣服。因为化纤内衣容易引起静电，对皮肤有刺激作用，从而导致老年人皮肤瘙痒。

老年人由于末梢血管循环较常人差，更容易脚冷。因此，老年人要准备不同季节穿的鞋袜。在冬季，最好穿保温、透气、防滑的棉鞋，穿防寒性能较优的棉袜和仿毛尼龙袜。其他季节，老年人宜穿轻便布鞋，老年妇女不要穿高跟鞋，以防崴伤。

⊙ 老年人睡觉不宜穿厚衣服

有些老年人习惯穿着厚衣服睡觉，尤其是午睡，其实这样做很不利于健康。

由于人体皮肤能分泌和散发出一些化学物质，若和衣而眠，无疑会妨碍皮肤正常的“呼吸”和汗液的蒸发。衣服对肌肉的压迫和摩擦还会影响血液循环，造成体表热量减少，即使盖上厚被子，也会感到冷，容易感冒。

老年人睡觉，相对于睡眠时间来讲，睡眠质量更为重要。室温最好控制在20℃左右，湿度以60%左右为佳。尽量减少光线干扰，午睡时拉好窗帘。保持空气流通，门窗具体打开到什么程度，要根据个人情况来定。如果怕冷，可以把卧室窗关上，把卧室的门和客厅的窗打开，通过这种方式使室内空气保持流通。

⊙ 女性何时开始戴胸罩

少女戴胸罩的时间并不以年龄为标准，而应根据乳房发育的速度和大小来决定。进入青春期的女孩子乳房开始发育，建议用软皮尺测量一下经过乳头的胸围与乳房下褶壁的胸围差，如果两者的胸围差在5厘米以上，就表示应戴胸罩了。如果跑步时，感觉乳房摆动明显更应戴胸罩，以免造成乳房损伤甚至乳腺增生等问题。

需要强调的是，去商店购买胸罩时，应先用软皮尺沿两侧乳房的下缘绕胸一周测量，根据这个尺寸再选择相应的型号。但此型号也是“暂时的”，因为青春期的女孩子发育较快，乳房并未完全定型，应每半年重新测量一次，根据乳房的形状、体积调整胸罩的大小和型号。

初次戴胸罩时不要选择太小的罩杯，如果过小会压迫乳房和乳头，影响乳房发育。而罩杯过大，则起不到保护乳房的作用。如果是比较爱运动的女孩子，还要选择弹性比较好的运动型胸罩，以保护乳房不受损害。

另外，青春期女性的胸罩要用“无托的”，避免过分挤压，材质上以纯棉为主。

过早或过晚佩戴胸罩都对乳房发育有一定影响。过早戴上胸罩束胸有可能限制乳腺发育；过晚则会形成乳房下坠，成年后很不容易矫正。因此，处于青春期的女孩子，如果感觉胸部有隆起，应根据测量的结果选择适合自己的胸罩。

年轻女性一定要牢牢记住12小时这个极限，胸罩最多持续戴12小时。只要不是在公共场合，应尽量让胸部放松，以保证淋巴系统的正常工作。

⊙ 选择文胸的三大原则

合体的文胸不仅使人感受到贴身的舒适，还可以帮助塑造身形。在越来越繁多的款式中如何选择适合自己的文胸，可参考以下几点：

1. **必须适体** 适体是基本的需要，女性穿文胸是为了遮蔽、支托胸部或弥补胸部不足，所以好的文胸应展现出丰满、自然坚挺而不做作的身形。

2. **重视质量** 应检查文胸衬里的质料是否舒柔，缝制的针脚是否平滑，搭扣是否整齐、牢固，避免一些不太注意的小地方伤害皮肤。那些削价处理的淘汰品最好不买。

3. **配衬服装** 在选择文胸时，应想一想家中的衣服是否和选购的文胸搭配，比如，家中衣服多为浅色，若购买过多深色内衣就会降低内衣的使用率。

⊙ 十大性感着装的健康隐患

1. **吊带装** 穿吊带装易染风寒，炎炎夏日处处是空调环境，清凉打扮的女性在空调房间和炎热户外进进出出，乍冷乍热为病邪提供可乘之机。另外长时间穿吊带装，尤其是吊脖装会使颈部不自主前屈，久而久之会导致椎体增生、韧带钙化等颈椎病。

2. **高领衣** 高领衣服被称为新潮服装，如高领衫、高领毛衣、高领旗袍等，受到一些追求时尚的青年人的喜欢。而这种高领服装却会给人体健康带来危害。

衣领过高、过硬、过紧也会引发一种新的时装病——“高领晕厥症”，亦称“颈动脉窦性晕厥”。

过高过紧的衣领，加上紧系的领带，可压迫位于颈部两侧的颈动脉窦，从而出现头晕、眼花、恶心等症状，心脏功能不好的人甚至会因心脏停搏而昏厥。上了年纪的人，更不宜穿高领、硬领的上衣，特别是患有高血压和脑动脉硬化、糖尿病及颈部有疾病者，更应该注意对颈部的保护，禁穿高领、硬领服装，以防引起严重后果。

3. **隐形文胸** 隐形文胸与皮肤颜色和质感很相似，深得喜欢着露背装的女士的青睐，但隐形文胸比较特殊的质地和穿着方法，容易引发如痱子、湿疹、接触性皮炎等皮肤病，给身体造成伤害。

目前市场上流行的隐形文胸，主要是采用硅胶材质制成，没有肩

带、背带，而靠内侧的胶紧紧粘在皮肤上来固定。由于硅胶质地较紧密，再加上相当的厚度，容易导致身体局部温度较高，而较长时间被汗液浸泡，皮肤容易出现红肿、瘙痒等不适症状。

隐形文胸虽然会消除穿者的一些尴尬，但不适合长期穿戴。

另外，如果要较长时间待在温度较高的环境里，也尽量不要穿隐形文胸。在穿隐形文胸前，最好能试试自己皮肤是否对其内侧的胶过敏，如果有过敏反应，就要及时更换，不要再穿了。胸部有伤口的女性一定要在伤口完全痊愈后再使用隐形文胸，否则因其不透气和局部温度升高，会促使细菌生长，导致伤口感染化脓。

4. **露脐装** 露脐装富有青春活力且大胆前卫，很受当下年轻女性青睐。但在尽情展示魅力的同时，年轻女性不能忽视了对脐部的养护，哪怕是在炎热的夏天。

肚脐是最怕着凉的地方，经常保护肚脐，不让它受风寒之邪的入侵，对健康是十分关键的。特别是经期女性，血管处于充血状态，穿露脐装最易因受凉而使盆腔血管收缩，导致月经血流不畅，时间长了会引起痛经、经期延长、月经不调等。

穿露脐装时由于腰腹部裸露，出入有空调的场所容易受冷热的刺激，引起胃肠功能的紊乱，导致病菌的入侵，出现呕吐、腹痛、腹泻等胃肠系统疾病。此外，脐部肌肤较娇嫩，易于受损，脐眼又容易汇集污垢，如不小心也会引起感染。

5. **瘦身衣** 瘦身衣的主要功能是将人体背、肩、腋下的赘肉“挤压”到前胸，使胸部圆润、饱满。至于提臀裤，则是将臀部赘肉收紧，与塑身腰封结合，迫使腰腹和大腿赘肉向臀部转移，使臀形趋于优美。

塑身衣具有塑造形体的功效，但是它并不具备减肥的功效，而很多女士都把塑身衣当成了减肥衣，以为穿得越久，瘦身的效果就越好。长期穿瘦身衣会对人体造成五点影响。

影响1 引发妇科疾病。医学专家通过研究发现，60%的妇科病与穿瘦身衣有关。因为紧身内裤使阴部的分泌物聚积，在湿闷环境中无法散发，大量细菌、真菌乘虚而入，引起外阴炎、阴道炎、盆腔炎、尿道感染等。此外，穿瘦身衣还会直接影响血液循环系统，对于未生育过的女性，盆腔血液循环不好，会造成盆腔淤血和子宫发育不良等疾病，严重者会造成不孕。

影响2 直接压迫内脏。由于瘦身衣将腹部紧紧包裹，腹腔内的肾、脾、肝、胃、肠等器官受到压迫，影响肠蠕动，易造成便秘。女性如果长期便秘，脸色就会很难看，还容易长斑。

影响3 有碍皮肤呼吸。瘦身内衣紧贴在身上，使皮肤不能正常地呼吸，局部皮肤会出现红肿，引起毛囊炎，还易导致皮肤粗糙。

影响4 产生缺氧反应。不合体的束胸会影响人的呼吸，从而妨碍人体全身的氧气供应，易产生脑缺氧，头部会发木。正如有些塑身女性穿紧身衣时间长了，就有一种憋气感。

影响5 不利于乳房发育。穿瘦身衣直接影响血液循环系统，使乳房下部血液淤滞引起乳房肿胀、疼痛。这尤其对青春期发育阶段的少女影响更大，会直接影响乳房发育。

因此，女士们要少穿或者不穿紧身衣。

6. **超短裙** 炎热天很多女性喜欢穿短裙出行，然而暴露的皮肤在不卫生的环境下很容易引发接触性或者过敏性皮炎。

在夏季，车厢、公共座椅都是细菌孳生的温床，车座接触各色人等，难免遗留他人皮肤中的致病细菌，高温下，皮炎细菌离开人体5分钟内仍可存活并具传染性。

而如果女性在阴冷、潮湿的天气着裙装，暴露在裙装外面的下肢就会因风寒的袭击而出现发凉麻木、酸痛不适等症状，尤其是膝关节处，更容易受到寒冷的侵袭，久而久之，会引起慢性风湿性关节炎。另外女性还有一个特殊的时期，就是月经期，这个时期，需要非常注意保暖，否则会因为盆腔血管不通畅造成痛经。

7. **紧身牛仔裤** 《加拿大医学杂志》指出，低腰紧身牛仔裤会挤

压坐骨感觉神经，在大腿处引起皮肤麻刺的异常感觉。

此外，紧身牛仔裤面料不透气，裤子又太紧，不利于体内排出的汗气散发，从而引起外阴炎和阴道炎等妇科疾病。

8. **低腰牛仔裤** 《健康时报》曾发出一条消息，告诫人们“低腰裤竟是腰痛祸首”。

经常穿低腰裤露出肚脐，肚子受到风寒会使子宫出现气滞血瘀而导致生理痛、子宫肌瘤等身体问题。人体器官都有自我保护功能，子宫为了自我保护而寻求温暖，便会自然而然地在该部位累积脂肪，从而就可能导致出现“游泳圈”。

9. **丁字裤** 丁字裤也并非完全不可以穿，但穿着时应注意，尽量选择纯棉透气材质或者超细纤维材质的。穿丁字裤的同时，外面的衣物最好宽松一些。每天换洗丁字裤，午休或晚上休息时应脱下丁字裤，换上宽松的内裤。由于丁字裤的覆盖面积比较小，因此女性月经期和排卵期都不宜穿着，以免诱发炎症。

10. **丝袜** 丝袜的穿戴不当也会伤害女性的健康。丝袜如果透气性能不好，就会阻碍女性腿部排出汗水和闷热的湿气，影响肌肤和空气自由接触，使得汗孔不能舒张，影响汗液的排出，汗液中的皮肤代谢产物，会刺激皮肤发痒，发生皮肤炎症。另外，如果丝袜过紧的话，就会导致腿部出现静脉曲张。

⊙ 女性的卫生护垫不可每天使用

护垫是无纺布制成的，不透气，可以使会阴温度提高三度，利于细菌滋生，引发阴道炎，有些还会引起会阴皮肤瘙痒，或产生过敏症。一般在月经快结束时使用1～2天即可，平时每天用流动的清水清洗外阴，每天换洗内裤，保持清洁。

⊙ 三种内裤最损害女性健康

1. **太紧的内裤** 女性的阴道口、尿道口、肛门靠得很近，内裤穿得太紧，易与外阴、肛门、尿道口产生频繁的摩擦，使这一区域污垢(多为肛门、阴道分泌物)中的病菌进入阴道或尿道，引起泌尿系统或生殖系统的感染。

2. **深色内裤** 深色内裤易让人忽略健康隐患，使女性无法观察分泌物的变化。患阴道炎、生殖系统肿瘤的女性，白带会变得浑浊，甚至带红、色黄，这些都是患有疾病的信号。

3. **化纤的内裤** 廉价化纤内裤尽管价格便宜，但通透性和吸湿性均较差，不利于会阴的组织代谢，易引起外阴或阴道的炎症。

⊙ 孕期实用舒适着装

孕期是一个非常特殊的时期，不仅饮食营养、休息养生要特别注意，穿着也不应马虎。以下是孕妇穿着要注意的几个方面。

鞋类 孕妇足、踝、小腿等处的韧带松弛，应选购鞋跟较低，穿着舒适的便鞋。身体笨重起来后，要穿平跟鞋以保持身体平衡。到了孕后期，足、踝等部位会出现水肿，这时可穿大一点的鞋子，鞋底要选防滑的。

内衣 孕期乳房的变化很大，需要能起支撑作用的乳罩，背带要宽点，乳罩窝要深些。可先买两副试用，合适的话以后可再买。另外，也要准备几个夜用型的乳罩。

短裤 不要选三角形有松紧带的紧身内裤。可选择上口较低的迷你内裤，或上口较高的大内裤。这些内裤前面一般都是用弹性纤维制成的饰料，有一定的伸缩性，以满足不断变大的腹部。如有条件，可购买孕妇专用短裤。

弹力袜和长筒袜 弹力袜和长筒袜可消除疲劳、腿痒，防止脚踝肿胀和静脉曲张，对孕期坚持工作的女性尤为适用。

宽松的上衣 宽松下垂的T恤、圆领长袖运动衫以及无袖套领恤衫，宽松舒适，且分娩后仍旧能穿。

背带装 背带装或裙或裤，可从视觉效果上修饰孕妇日渐臃肿的体形。

有弹性的裤子 运动装的裤子既舒服又无约束，只需将裤腰的松紧带改为带子，就可适应不断变化的腰围。

怀孕后，身体从内脏到外表都会发生很大的变化，有的孕妇面部有“蝴蝶斑”；腰身又粗又圆，身体的曲线会因为乳部臀部的过分增大而消失。不少孕妇一时间适应不了。然而孕妇形象是世间最美丽的风景，挺身而出的优美曲线散发着浓郁的魅力。只是无限的“孕味”要靠整体的形象设计。

孕期着装原则：应力求简洁、明快、大方，随着体形的变化，衣服宽大，不可束腰。采用暖色调，温馨柔媚，极富女性魅力。

⊙ 职业女性孕期着装

职业装A字形最适合 当今，多数白领准妈妈依然会在孕期坚持工作，她们需要在写字楼里及客户面前保持自己的职业形象，因此，孕妇职业装正在被更多的准妈妈接受和穿着。

身在职场，应选择那种穿在身上能很美地体现出胸部线条，却使隆起的腹部显得不太突出的款式，如呈上小下大的A字形能使服装有立体轮廓。上班时带一个漂亮的皮包，佩戴合适的饰物，都可以达到“点睛”的效果。

礼服最好是高弹长裙 职业准妈妈还应准备一款适合自己身份、风格的孕装礼服，使自己在孕期魅力四射。但礼服就不宜选择宽松式了，最好是具有高弹性的长礼服裙。孕期礼服不同于平时的款式，高雅大方，但不能束缚身体，怀孕的女人会散发出华贵的气度，这是最好的时装。

男式衬衫＋裙子 领角有纽扣的男式衬衫一般是由高支棉或牛津布制作而成，比较宽松，适合孕妇体形，穿着较舒适。而且衬衫很好搭配，下装穿一条裙子，外加一件夹克可以作为上班的职业装，搭配一款宽松背带裤作为周末的便装。

⊙ 产后内衣选择须知

选择适合的产后内衣有助于回复身段，产后妇女可选择具有收束腰部腹部及提臀设计的内裤，帮助因怀孕而错位的内脏归位。另外可购买有防水设计的卫生裤防止流出的血液染污外裤。

⊙ 男性夏季着装不当有隐患

为了追求时尚，人们经常会穿紧身牛仔裤。此类穿着给男性埋下了健康隐患。夏季男性更应注意着装健康。

男性生殖器官的发育和构造以及外生殖器的健康与衣着息息相关。紧身牛仔裤透气性差、散热不好，特别是化纤类“兜档裤”，容易造成阴囊处于密闭状态，空气不流通，易于滋生细菌，引起生殖道炎症，同时也限制血液循环，对精子的产生和营养很不利。长此以往，容易造成不育的不良后果。因此，建议男性在夏季应当穿得薄一些，内衣裤要选择纯棉质地、吸水性好的，不要常穿紧身牛仔裤。买牛仔裤时，最好选择稍大、棉质、透气性好的。

⊙ 春季养生之着装

医学专家认为，春季穿衣首先需坚持“春捂秋冻”的原则。

“春捂”有利于抵御风寒，调节人体恒定温度，可减少疾病，尤其是常见的呼吸系统传染病的侵袭。

其次，春天阳气渐生，阴寒未尽，尤其是早春，日温差较大。因此，着装应宽松舒展，柔软保暖，注意随气候变化而增减，切忌减衣过速。

另外，春季寒气多自下而起，此时穿衣宜为“下厚上薄”。对此，青年女性尤应注意，切勿过早换裙装，以免导致关节炎及多种妇科疾病。同时，温暖的春风暗藏杀机，出汗后应及时擦去，切勿敞怀劲吹，以防伤风。

根据春天的穿衣特殊性，宜早晚增衣，中午减衣。

总之，春天衣料要选择既能防风保暖而又透气导汗的衣料。在色泽的选择上可根据年龄和肤色来进行挑选，红、橙、黄是暖色，符合春天的热烈、明快，适合于青少年。绿、蓝、紫为冷色，色调清新、素雅，适合中、老年人在春天穿着。

⊙ 夏季养生之着装

健康专家表示，酷暑季节，“简单、凉爽、美观、能保护皮肤”是着装所要遵循的原则。

夏季穿衣不是越少越凉快 夏季天气炎热，不少人认为穿得越少越透就越凉快，但是在气温接近或超过37℃的盛夏酷暑之日，皮肤不但不能散热，反而会从外界环境中吸收热量。因此，越是暑热难熬之时，男性越不要打赤膊，女性也不要穿过短的裙子。

夏季应少穿紧身衣 女性穿紧身衣裤不利于体内排出的汗气散发，易产生湿疹、皮疹等疾病，治疗起来相当麻烦。

夏季睡觉最好穿睡衣 夏季睡觉时最好穿上睡衣，不仅吸汗，同时还可以防止受凉。实在太热时也要护好腹部，以免“风邪”入内，祸及脏腑。

⊙ 秋季养生之着装

“薄衣之法，当从秋习之。”实践证明，这种主张“秋冻”的方法，既顺应了自然气候（包括居室气候）的需要，又在不知不觉中起到了预防疾病、自我保健的作用。

春秋季温度虽然都具有“不冷不热”的特点，但气温的变化趋势是相反的——春季气温总趋势是升，秋季气温则是下降。立秋以后，冷空气势力将逐渐加强，活动趋于频繁，气温明显下降，昼夜温差增大，且“一场秋雨一场凉”。从防病保健的角度出发，应该注意加强御寒锻炼，提高抗寒能力，以便在强冷空气和寒冬季节到来时也能够适应气候环境，避免由于气象原因诱发或加重病症，如流行性感冒、气管炎等。古人云：春捂秋冻，不生杂病。立秋之后，不要气温稍有下降就添衣加裤，而应该尽可能晚一点增衣，能穿短袖衬衫，尽量不要穿长袖；能穿单衣，尽量不加外套。

⊙ 冬季养生之着装

专家指出，冬季养生保健对于着装有一定的要求。

所谓“衣服气候”，是指穿的衣服表面温度在零摄氏度左右，而衣服里层与皮肤间的温度始终保持在32℃～33℃，这种理想的“衣服气候”，可在人体周围创造一个良好的小气候区，缓冲外界寒冷气候对人体的侵袭，使人体维持恒定的温度。

营造理想“衣服气候”的具体措施是：老年人生理机能下降，皮肤老化，血管收缩减弱，加上代谢水平低，衣着应以质轻暖和为宜；青年人代谢能力强，自身调节能力比较健全，对寒冷的刺激，皮肤血管能进行较大程度的收缩来减少体热的散失，所以不可穿得过厚；婴幼儿则不同，其身体较稚嫩，体温调节能力低，应注意保暖，但婴幼儿代谢旺盛，也不可捂得过厚，以免出汗过多影响健康，所以衣服要勤加减。

⊙ 秋寒莫忽视“裙装病”

所谓“裙装病”，是指因为寒冷的空气刺激皮肤，引起血管收缩，致使表皮血流不畅，大腿等皮下脂肪组织出现杏核大小的单个或多个硬块，表皮呈紫红色，触摸较硬，有时伴有轻度的痛和痒，严重者还会出现皮肤溃破。

那么，女性怎样保持美丽而不“冻”人呢?

秋季，女性穿裙装必须遵循气候规律，当冷空气来临时，最好穿上厚质羊毛袜，厚料长裙，以御风寒；适时锻炼，从秋初开始手、足、身的锻炼，以增强机体抵抗力；注意营养搭配，天气寒冷时适当地吃一些羊肉、狗肉和辛辣食品，以暖身御寒。

⊙ 冬季穿裙子小心得关节病

很多女性在冬季里愿意用丝袜和靴子相搭配，穿出一幅美丽“冻”人的画面。据大连市友谊医院骨科主任姜虹的介绍，在冬天寒冷潮湿的天气里穿裙装，暴露在外面的双腿会受到寒气的侵袭，出现发凉、麻木、酸痛等症状，尤其是皮下脂肪偏少的女性，更容易被寒冷空气冻坏，引发关节炎等疾病。此外，爱穿裙装的女性受寒冷空气刺激后，容易引起下肢血管收缩，造成表皮血流不畅。此时，脂肪细胞也会发生变性，大腿部位的皮下脂肪组织容易出现杏核大小硬块，有时单个出现，有时多个出现。硬块的表皮呈紫红色，手感较硬，有痛痒的感觉，严重时还会出现皮肤溃烂等症状，这就是医学上的“寒冷性脂肪组织炎”。因此，女性穿裙装时，一定要注意腿部的保暖。

⊙ 领扣领带不要系得过紧

对于整天必须西装革履的一些上班族来说，可能很多人都没有意识到，整天伴随自己的领带，可能会让双眼肿胀不适。研究人员对40名男性的测试表明，系领带3分钟后，大部分人的眼压提高了20%。领带或领扣系得过紧还会降低颈椎活动度，增加背部和肩部肌肉压力。因此，眼科医生告诫，穿唐装的人，领扣不要太紧；系领带的人，不要把领带系得过紧。应该让脖子有个适当的自由度，才能够有效地保护眼睛。

⊙ 冬季戴帽子的三个注意事项

虽然冬季戴帽子可以保暖防寒、防尘并且防止阳光中的紫外线对头发的损伤，但仍有一些细节不容小觑，否则就会适得其反。

1. 冬季的帽子不宜太紧，否则会伤及头皮甚至导致脱发。这是因为，一方面，帽子太紧会对头皮造成压迫，影响头部血液循环，头发难免“提前下岗”；另一方面，发际等部位受帽子压迫较重，毛孔容易松弛，也会诱发脱发。因此，最好选择一顶宽松的帽子，让头皮能够自由呼吸。

2. 一旦进入温暖的室内应及时摘掉帽子，一是让头发得到喘息的机会，二是防止室内过高的温度闷坏头发。

3. 习惯在冬季戴帽子的人，最好养成常梳头、用指腹按摩头皮的习惯，以促进头部的血液循环，防止脱发。

⊙ 冬天给宝宝戴帽子四项注意

1. **婴儿的帽子要柔软无檐** 婴儿的小脑袋皮肉细嫩，对气候变化适应能力差，要选戴质地轻盈、手感柔软、保温透气的帽子；若帽子过重、过硬，不仅婴儿戴上不舒适，而且对脑神经发育不利。婴儿帽最好选择无帽檐的，这样便于母亲抱和哺乳，同时应选择能保护脸颊和耳朵的帽子。

2. **帽子的大小要与头围相适** 一般根据头围周长放大1厘米(或头围直径放大0.3厘米)为宜，尺码适当放宽的目的是防止帽子过紧，对孩子的头部发育不利，也防止帽圈收缩后，影响戴用。婴儿帽为42～48厘米，童帽50～55厘米。

3. **帽子的颜色应鲜艳** 这不仅是为了漂亮，主要是因为孩子活动量大，玩时安全感差，戴一顶颜色鲜艳的帽子，比较醒目，可在一定程度上减少意外。

4. **孩子外出不一定就要戴帽子** 阳光可为孩子提供宝贵的营养，阳光的照射可以使皮肤中T–脱氢胆固醇转变为维生素D，对预防佝偻病的发生有很重要的作用。另外，阳光有很强的杀菌消毒作用，孩子多接触阳光，可以提高抗病能力，预防感染性疾病。如果孩子到了户外就要戴上帽子，接触阳光的机会就会少些。因此，戴帽子要根据时间和天气来定。

⊙ 天冷戴手套注意事项

选购手套，不仅要根据不同的地区、气候，还要因人而异。容易出汗的人，最好戴棉织制品的手套，既保暖又有良好的吸水性，而且便于洗换。

外出骑自行车的人，戴绒布或花布的棉手套比较好，一是能御寒保暖，二是可减轻手掌根部受到的压力。因为骑车时上身过于前倾，体重压在握车把的两手上，手部的尺神经在腕部，可能因受到挤压而产生麻痹。

老年人的血液循环功能差，手足怕冷，戴手套可起到保暖作用，应挑选轻软的毛皮、棉绒、绒线手套。儿童的皮肤薄嫩，应尽量戴棉绒、绒线或具有弹性的尼龙手套。手套不可与他人共用，以免传染疾病。

⊙ 每个季节至少应备四双鞋

有些人穿鞋不太讲究，甚至长年只穿一双鞋，直到它“罢工”为止。可是，如果每天与同一双鞋“形影不离”，不但不利于鞋子保养，对足部健康危害也大。

这是因为同一双鞋长期受脚部挤压以及与地面的反复摩擦，会导致鞋子某些部位变形，尤其是体重高、走路多、运动量大的人，变形尤为严重。长期穿这样的鞋，会使脚部相应部位，如足前弓、小趾外侧或两趾间的角质层增厚，形成厚茧或鸡眼。一旦出现这种情况，就应该换换鞋子了。

对于一些长期从事站立行业的人员，如空姐、教师、售货员、售票员、餐饮业服务员等，这种情况需要格外注意。

通常情况下，每个季节至少应该准备四双鞋：两双皮鞋、一双布鞋、一双运动鞋。上班等正式场合经常要穿皮鞋，其穿着时间也最久，最好准备两双以便更换。鞋底过硬的鞋子是诱发脚病的重要“帮凶”，选购时最好把鞋底弯曲一下，越易扭曲且有弹力的鞋底，穿起来越舒服。布鞋不仅轻便、柔软，透气性和吸湿性也很好，特别适合休闲、旅游、室内、开车等场合穿着。运动鞋是户外运动时必不可少的“装备”，也应该常备一双。

⊙ 买鞋的学问

长期穿不合适的鞋很容易引起脚部的损伤和疾病，甚至会造成脚部的永久性畸形。那么，应该如何选择一双适合自己的鞋呢？以下五种方法不妨一试。

中午后买鞋 从早上到晚上，脚的大小会发生变化。脚通常在早上比较小，下午比较大。因此，买鞋的最佳时间是在下午的2~4点。

买大号的鞋子 买鞋时最好在最长的脚趾与鞋尖之间留下约2.5厘

米的空间。大脚趾不一定最长，近20%的人第二个脚趾与第一个脚趾一样长，有的甚至比第一个脚趾还长。同样，人的两只脚不一样大，选择鞋的大小时要以较大的那只脚为准，试穿时一定要站起来走几步，看看两只鞋是否都跟脚。

不要单纯靠鞋号码来买鞋 同号的鞋在不同款式中的大小可能不同。即使常常穿37码的鞋，如果发现某一双37码的鞋过紧，也要试试大半号或大一号的鞋。 不要依赖鞋码，脚的形状及大小是会随着年纪而改变的，不是一辈子就穿一种号码的鞋。

尽量不穿高跟鞋 有研究表明，穿5厘米的高跟鞋与赤脚相比，足底承受的压力增加了75%，如果长时间穿高跟鞋，足部患病的概率比不穿高跟鞋的人高4倍。实在要穿，也应买较长而宽的样式。

为运动选双专用鞋 喜好打篮球的人应选购高帮皮面的篮球鞋来保护脚踝，而网球鞋有良好的防侧滑功能。因此，出于安全和舒适度方面的考虑，要根据平时的运动喜好为自己选购专业的运动鞋。

⊙ 警惕五款高跟鞋的“高度”危机

高跟鞋总是能够衬托女人们的曼妙身姿和优美曲线。但殊不知，这些五花八门的鞋却给健康埋下了隐患。

1. **4～6厘米的高跟鞋** 美国哈佛大学的健康专家发现，穿4~6厘米的高跟鞋能有效消耗腰腹部脂肪，让人的小腹平坦、性感。但常穿4~6厘米的高跟鞋，最大的麻烦在于它会让你的背部压力增大，产生酸痛感。

建议在睡觉时换张软一点的床垫，减少背部压力。另外，当背部肌肉僵硬时，寒气更容易侵袭贯穿于背部的膀胱经，会因此感觉手脚冰凉，免疫力降低。专家建议不要穿露背装，以免背部受寒。

2. **6～8厘米的高跟鞋** 当高跟鞋的高度上升到6~8厘米时，在走路时身体重心会自然上移。一项研究发现，如果穿着7厘米的高跟鞋走2小时，脖颈僵硬度会上升22%。健康专家通常不建议长期面对电脑的女士穿6～8厘米的高跟鞋，这样只会让脖子越来越累。

3. **8厘米以上的高跟鞋** 鞋跟在8厘米以上，身体重心会在走路时不断上移，美国坦普尔大学的医学专家研究发现，常穿8厘米以上高跟鞋的女性，经常会产生神经性头痛、眼痛，视网膜压力会比平均水平高25%。

4. **方跟和坡跟高跟鞋** 方跟和坡跟高跟鞋对健康的影响相对小些，它们能帮身体维持一定的平衡性，不会让你因大强度的工作产生眩晕感。方跟和坡跟高跟鞋重量较大，会给脚面带来较大压力，经常穿着，会让下肢浮肿、发胖。

5. **尖跟高跟鞋** 一双纤细的尖跟高跟鞋的确能为女性增添不少女人味，但澳大利亚新英格兰大学的健康专家指出，常穿尖跟高跟鞋，会让女性平衡感缺失，晕车、晕机的可能性也会大大增高。

⊙ 正确穿高跟鞋方法

1. 选择鞋底跟自己脚的弧度相符的鞋子。脚趾前端与鞋子顶端应留有2~3厘米空隙，鞋跟不宜太小，鞋头宜宽松。鞋跟高度最好不要超过5厘米。

2. 穿着高跟鞋走路时姿势要正确，脚尖往前伸直，臀部夹紧，上半身挺直。这样可以避免压力分布不均，从而改善腿部、足部浮肿的现象，促进血液循环，远离腿部酸痛。

3. 平时不要总穿相同高度的高跟鞋，以免脚部同一处经常受到挤压。

4. 穿高跟鞋走路应注意休息，可以把脚尖翘起，活动一下小腿。脚趾甲不宜太短，以防甲沟炎。

俗话说，鞋合适，脚知道。许多研究表明，高跟鞋的设计并不符合人体力学原理，要说服女性朋友舍弃光鲜耀眼的高跟鞋显然并不实际，要时髦又要健康，才真正合乎都市女性穿高跟鞋的需求。因此，如果女性朋友能正确选择高跟鞋，并且在穿着高跟鞋时，能搭配相关的足部保健方法，便能有效预防足疾的发生。

每穿2小时高跟鞋，就把鞋子脱下来，让双脚休息15分钟，并做些中度脚部按摩，重点按压可缓解肌肉紧张度的、位于脚掌前1/3处的涌泉穴。另外，如果鞋跟高度在6～8厘米间，不要戴过重的项链，以免脖子受压过度。建议多吃富含维生素A的绿色蔬菜，为视网膜提供充分养料。另外，千万不要在穿超高跟高跟鞋的同时戴隐形眼镜，以免产生神经性眼痛。

⊙ 穿运动鞋的误区

一双轻便、耐用的运动鞋是许多青少年，尤其是中小学生的“常用装备”。专家认为，运动鞋的鞋底富有弹性，在青少年的跑、跳过程中，虽可起到一定的缓冲作用，但如果长期穿或者只穿一双鞋，也会带来不少弊病。

误区一：只穿运动鞋 从保护角度来说，运动鞋会把双脚包裹得比较严实，但容易因透气不好而引起真菌繁殖，导致脚癣、皮炎、湿疹等症。青少年平时活动量比较大，即使是透气性能较好的运动鞋，也不要常穿，最好穿插布鞋、皮鞋来穿，南方地区尤其如此。

误区二：鞋底太软、过于平坦 不少人买运动鞋时喜欢挑鞋底软的，但从骨骼发育角度来看，太软的鞋底并不适合青少年。青少年的骨骼发育还没有成形，过于松软的鞋底容易造成其足部不稳定转动，产生劳损。每个人足部的着力点不一样，一些有平足病的孩子，鞋底硬一些反而更好，可以调节足部受力。另外，运动鞋的鞋底最好有一点儿坡度，不要过于平坦，在3厘米之内为最佳。

误区三：功能运动鞋变日用 足球鞋、篮球鞋、跑步鞋等在设计时，充分考虑了足部的着力方式，以提升运动能力，但如果放到日常生活中来穿，效果会适得其反。足球鞋肯定不能用于平时走路，其后跟鞋钉的设计非常特殊，是为了方便踢球时的转身，而较少考虑缓冲功能，经常穿会感觉疲劳；篮球鞋强调前脚掌的弹跳力，且鞋底和鞋头都比较平，而人在走路时，用力点是向前的，所以平时穿也不省力。相对来说，跑步鞋的设计最接近人平时的走路要求。

误区四：鞋子超期服役 许多人觉得，只要鞋面不损坏，就可以再穿。但专家表示，一双鞋穿得太久，很容易因长期挤压、摩擦而导致变形，不但保护不了足部，还会对其造成损害。据调查，过于破旧的运动鞋可能造成胫骨痛和跟腱劳损等病症。运动鞋的寿命因人而异，胖人的鞋子寿命相对较短；还与运动量有关，一般来说，一双跑步鞋的“服役极限”是500公里，而体操鞋6个月就该“退休”了。

那么，该如何识别孩子的运动鞋已经“超龄”了呢？一是看鞋底是否平整，磨损是否较大；二是看鞋底内部是否有塌陷。如果这两个部位出现问题，就必须及时更换运动鞋。

⊙ 常穿人字拖鞋危害大

长期穿人字拖鞋危害大 专家提醒：人字拖鞋不符合人体生物力学，在穿着的时候，容易带来人体额外的肢体不协调运动，久而久之，会产生足部的疲劳、腰部的疲劳，从而产生早期相应的各关节的病理性改变。因此，“人字拖鞋”之类的鞋，适合于休闲、方便的时候穿，不宜长期穿着。

特别提示：孕妇穿人字拖鞋易致胎盘早剥 孕妇因为脚部容易出现浮肿，所以很多准妈妈喜欢选择方便、舒适的人字拖鞋。对于这样的选择，专家特别提醒：人字拖鞋因为结构的问题，脚底和鞋面受力不稳，容易造成滑移，为了避免摔倒，人体产生自然的向前或向后的保护动作，容易导致腹部肌肉过度收缩或拉伸，极易造成孕妇胎盘早剥，甚至流产。因此，孕妇尽量不要穿人字拖鞋。

⊙ 平足与高足弓的人如何选鞋子

鞋子的选择，不仅对足部关节有影响，甚至可以影响到腰部的健康。对于普通人群，选择舒适、大小适中的鞋子即可。对于一些足部结构较特殊的人群，需要特别注意，并且要有针对性地选鞋子。对于小于120度的高弓足，一定要穿相对柔软一点的软鞋。对于足弓大于120度的扁平足，应该选择有韧性的鞋子，鞋底相对比较厚并且带点足弓形状的鞋。

⊙ 足癣病人别穿硬底拖鞋

一些足癣病人认为硬底拖鞋好打理，难滋生细菌，但事实并非如此。表面是硬塑料的硬底拖鞋与足部摩擦时，容易出现微小的裂口而诱发丹毒，最好选择柔软的棉布拖鞋。如果害怕滋生细菌，可以在鞋面喷洒一些治疗足癣的喷雾，经常对拖鞋进行清洗和消毒。

丹毒：以皮肤突然发红，色如涂丹为主要表现的急性感染性疾病。

⊙ 关节炎患者宜穿坡跟鞋

关节炎患者穿平底鞋行走时，体重会过多地压在脚后跟上，上传的冲力可能会使人产生足跟、踝、膝、髋、腰等部位的疼痛和不适。建议关节炎患者最好穿坡跟的休闲鞋，这样可以减轻重力对关节的冲击。

⊙ 小孩不宜穿露趾凉鞋

孩子动作还不够灵活、协调，他们的目测力也欠准确，可是他们又非常好动，蹦蹦跳跳，不肯安静，这就极易造成外伤，穿露脚趾的凉鞋会大大增加脚部受伤的可能性。例如，小孩子走路常常因不注意地上有石头、凸起处或其他东西而被绊倒。如果穿露脚趾的凉鞋，就会把脚趾碰破甚至掀翻脚指甲等。

⊙ 靴子不宜天天穿

靴子的鞋帮一般较长，如果皮质不好且较硬的话，稍不留神就容易绊倒，出现踝关节扭伤，严重的还可能会发生骨折。市场上一部分靴子将脚踝部分设计得比较紧，这种设计容易造成脚部血液循环障碍，容易造成脚的肿胀和冻伤。因此，选购时要仔细挑选，平时避免天天穿靴子。

⊙ 女士如何选择丝袜

高质量的丝袜首先具有较好的透气功能，即使在夏天也能排出闷热的湿气，让人不再有汗水黏腻皮肤的烦恼。而劣质丝袜则使汗孔不能舒张，影响汗液的排出，汗液中的皮肤代谢产物会刺激皮肤发痒，发生皮肤炎症。

其次，高质量的丝袜应具有弹性，收紧腿部赘肉，使腿部线条更优美，还能有效地防止静脉曲张，特别延伸至腹部的弹性应更强。

还有，高质量的丝袜应具有极强的黏附性，与肌肤紧密贴合，即使在膝盖、腘窝处也不见一丝皱褶，宛如第二层肌肤，并且丝袜颜色透明均一，遮盖力强，使肌肤看上去更细腻、有光泽，而劣质丝袜穿在身上会感觉不服帖。

高质量的丝袜应该经过了热的延伸处理，其更牢固耐磨不易抽丝，加热的丝更具有防静电的功效，不吸尘土还能避免出现吸附裙子的尴尬，而普通丝袜很容易钩坏，且吸附灰尘和裙摆，既影响美观，也不利于保护皮肤。

⊙ 男士怎样选择袜子

天然纤维含量在55%以上的袜子可有效避免异味的产生。天然纤维包括棉、麻和桑蚕丝。其中，以麻的性能最为优异。麻具有天然的抗菌和抑菌功能，吸湿排汗的性能比棉和化纤都要优越，因此给人一种“干爽”和“凉快”的感觉。

含棉量在55%以上的男袜，是一种经济实惠的选择。棉花是柔软而舒适的天然纤维，其吸湿性、透气性和舒适性适中，价格较麻质以及真丝便宜。

真丝男袜的舒适性较高，但美中不足的是真丝不结实、不耐磨。

男士在选择袜子时，应避免几个误区。比如，一般人不选择化纤男袜，其实男袜中如果没有氨纶（莱卡）成分，袜子的弹性和保形性就不理想。更何况目前出现了一些新的化纤品种，吸湿和散湿效果甚至优于棉袜。另外，目前市场上还存在许多功能性袜子，号称有多种疗效，对此，只能是商家姑妄言之，消费者姑妄听之，一双袜子要对人体产生保健作用，实在是太难了。

⊙ 袜口太紧易引发疾病

有许多人为了防止袜子下滑，喜欢穿袜口稍紧一些的袜子，这种袜子会把脚踝部都勒出红痕来。可见，袜口过紧，对于健康是非常不利的。

这是因为脚踝是脚部血液循环的重要关口，如果袜口松紧合适，静脉血液就能顺利通过脚踝流回心脏，如果袜口太紧，就会导致本该流回心脏的静脉血液淤滞在脚踝附近，将使心脏负担加重，长久下去甚至会引发高血压。人们常常感觉脚发凉，可能也是袜口太紧的缘故，是由于动脉血液不能及时到达脚部，导致脚局部的新陈代谢降低所造成的。另外，袜口太紧，还会导致脚部皮肤角质层增厚，变得粗糙、干燥，日子久了就会诱发鸡眼、脚垫等。

对于中老年人来说，更要格外注意，因为中老年人常存在不同程度的高血脂和动脉硬化，袜口对脚踝局部的压迫常常会导致血压增高，严重的甚至诱发心脏病。糖尿病患者的下肢以及足部常存在不同程度的血液循环不良，袜口过紧无异于“雪上加霜”，容易诱发或者加重糖尿病足。

所以，在选择袜子时，除了注意袜子的质地、大小以外，更要看袜口的松紧是否合适。已经买回来的袜子，如果袜口过紧，不妨借助蒸汽熨斗给袜口迅速“增肥”。具体做法是：先用软尺量一下脚踝处的周长，然后找一块宽度适中的废弃硬纸盒，将袜口撑起，根据袜子的质地，设置电熨斗的温度，在两面的袜口处轻轻各熨一下，这样原本过紧的袜口就能宽松很多。

⊙ 戴首饰不当可致病

金首饰可引起放射性病 一些放射性元素如钴、钋和镭等，常和金矿共生一处，人们在开采冶炼和制作金首饰的过程中，难免有少数放射物质混杂其内。当人们佩戴这种含有放射性元素的金首饰时，人体的某个部位就会长时间地受到辐射之害，从而引起放射性疾病，最初的表现往往是脱发、精神衰弱等。

金首饰可引起皮炎 凡属过敏性体质的人，其皮肤可因金首饰的刺激而发生过敏性皮炎。为了预防这种疾病，最好选用纯金或纯银制成的首饰，避免镀铬或镀镍的首饰。

耳环病 戴耳环一般要穿耳眼，如果扎耳眼时不注意消毒和无菌操作，或在扎耳眼后填塞了某些异物如茶梗、米粒等，都会妨碍孔眼愈合，使耳部发生感染，轻者局部出现化脓性炎症，严重的可导致破伤风。

项链病 由于颈部的皮肤较薄，戴项链的部位很容易受到伤害而引起局部发炎。在洗澡和睡眠时应将其摘下来，用干净的软布擦拭。

洗脸时要同时清洗颈部皮肤。

戒指病 戒指过小过紧，可使手指局部受压迫，引起血液循环不畅。因此，选择戒指需合适。另外，如果戴着钻戒的手指上出现斑点，也许已经患上了过敏性皮炎。这种过敏性皮炎是因接触金属过敏导致的。

⊙ 戒指最好是戴一戴，摘一摘

在日常生活，很多人都会佩戴戒指，除了它的装饰作用以外，还因为它具有某种纪念意义。于是，人们戒指一戴上就是几年，甚至是数十年都不摘下来。健康专家提醒我们，为了手指的健康，戒指最好是戴一戴，摘一摘。

这是因为，随着年龄的增大，人们的指关节会退化，并且逐渐变形变大，这时，戒指就有可能会摘不下来了。而且时间久了，手指会因为血液不流通，而导致肿胀，诱发手指疾病。有的老年人为了防止戒指滑落，还用红线缠着戒指，以使它可以戴得紧一些，这种做法更不可取。因为老年人在关节衰老的过程中，骨膜会变厚，软骨会增生，一夜之间，手指突然肿起来的现象并不少见，一旦发生了水肿，则手指又将会因为戒指而受伤。因此，老年人如果发现戒指的摘戴有困难，就不要再戴戒指了。

还有一些人习惯在睡觉的时候，也戴着戒指，这样也不好。因为一般的健康人在早晨醒来后，可能会出现轻度的浮肿，如果晚上睡觉前不摘掉戒指，就会因为清晨手指浮肿而卡住了静脉。因此，在睡前最好将戒指取下，以避免带来不必要的麻烦。

⊙ 小儿不宜戴首饰

孩子出生后会被戴上长命锁、项圈、手铃、脚铃等饰物。这种做法并不合适，因为儿童皮肤比较娇嫩，戴饰物活动时易擦破皮肤导致局部发炎、化脓。其次，小儿生性好动，会使佩戴的首饰脱落，有些小儿爱将小饰物含在嘴里，会不小心咽下去而引起窒息。小儿正处在生长发育时期，骨骼和肌肉生长较快，较紧的首饰也会影响局部血液循环，不利骨骼和肌肉的生长发育。

⊙ 戴首饰洗手等于没洗

洗手时要记得摘下首饰，这样细菌可以被清除一大半，否则和没洗的效果差不多。如果不摘，细菌只能被洗掉29%。因此，分别清洗手和饰物才最干净。

⊙ 戴首饰出现皮肤过敏怎么办

若佩戴珍珠项链首饰出现皮肤过敏现象，可找珠宝商将接口换成金的或者银的，也可到专业金店定制接口。消费者对珍珠、天然翡翠等名贵宝石本身是不会过敏的，可以放心佩戴。

穿刺皮肤的首饰如耳钉等应格外注意，尽量购买贵金属含量较高的首饰，如足金、千足金、PT950等人体不易过敏的金属。如果是过敏皮质，则尽量不要佩戴穿刺皮肤的首饰 。夏天汗液较多，首饰应常清洗，特别是耳钉佩戴前要用酒精浸泡消毒。

⊙ 怎样挑选隐形眼镜

目前市场上的隐形眼镜品牌很多，各种品牌又按性能分不同种类。每种镜片都有不同的特点，品种和功能的多样化给消费者的选择带来了难度，选择哪种才让人放心呢?

首先，选择镜片时一定要注意看某种品牌有没有国家食品与药品监督管理局颁发的注册证。国家食品与药品监督管理局采用ISO国际标准，对镜片进行各项功能的测试，如镜片对角膜的损害程度、磨制镜片的工艺、使用的材料以及镜片的含水量、透气性等，所以有注册证的品牌质量一般有保证。

其次，镜片的度数、大小、材料、使用时间等都是应该注意的。很多人认为框架眼镜的度数和隐形眼镜的度数完全一样，所以往往按框架眼镜度数购买隐形眼镜。其实这样做是不对的，因为对同一只眼睛，隐形眼镜的度数和框架眼镜的度数有差别，度数越高这种差别越明显。

例如，验光结果是450度近视，隐形眼镜需要减少25度；验光结果是450度远视，隐形眼镜需要增加25度才行。

镜片的大小一般根据戴镜者的黑眼球部分的大小来决定，黑眼球比较大的人要选择大一些的镜片，黑眼球比较小的人要选择小一些的镜片。眼睛容易出现干涩症状的人宜选用含水量较低的隐形眼镜。经常在阳光下工作的人可以选择具有防紫外线功能的镜片。一般易过敏的人、生活无规律的职员、经常接触化妆品的人、经常处于灰尘较大的环境的人较适合戴每日抛弃型隐形眼镜。

⊙ 哪些人不宜戴隐形眼镜

1. **眼疾患者** 青光眼、慢性泪囊炎、结膜炎、角膜溃疡、甲亢等疾病患者若已配有隐形眼镜，而眼睛正处在炎症期，要待炎症消失后再戴。

2. **全身疾病** 对任何不适相当敏感，尤其对眼痛极敏感者；全身抵抗力较弱者，如患有妊娠糖尿病、关节炎、鼻窦炎的人群不宜戴隐形眼镜。

3. **过敏患者** 有过敏症的人配戴隐形眼镜易引起眼睛瘙痒红肿、结膜炎和眼睛肿胀等，如果这些病症长期不治疗将可能危及视力。

4. **发烧患者** 发热时眼睛局部抵抗力下降，泪液分泌减少，枯草杆菌就会大量繁殖，使细菌的代谢产物沉积在角膜与镜片之间，造成隐形眼镜透氧性降低，角膜正常的代谢受到干扰，从而引起细菌性角膜溃疡。

5. **中小学生** 中小学生正处在生长发育旺盛时期，眼球视轴尚未定形，自我保健意识和自理能力较差，隐形眼镜每天都要清洗消毒，程序也较烦琐，不利于坚持。中小学生若过早或较长时间连续配戴隐形眼镜，易产生角膜缺氧和生理代谢障碍等副作用。

6. **中老年人** 人到了40岁以后，眼部组织会发生比较明显的退行性变化，眼局部的抵抗力下降，特别是眼球耐受缺氧的能力下降，此时若在眼球表面戴上一层薄的镜片，会导致眼球缺氧，从而容易出现角膜感染溃疡等并发症。40～60岁的中年人可以短时间戴隐形眼镜，60岁以上的老年人最好不要配戴隐形眼镜。

7. **月经期妇女** 女性在行经期间及月经将到的前几天，眼压常常比平时增高，眼球四周也较易充血，尤其是有痛经症的妇女更甚，这时如果戴隐形眼镜，会对眼球产生不良影响。

8. **孕期妇女** 孕期妇女荷尔蒙分泌发生了变化，从而使体内含水量也发生变化，眼皮有些肿胀，眼角膜变厚，特别是怀孕的最后3个月，因角膜水分多，变厚更为明显，会与正常时选配的隐形眼镜片不相吻合，从而引起眼睛不适，患有妊娠水肿症的孕妇尤其不能戴隐形眼镜。

9. **骑车长途旅游者** 长距离骑车时，空气的对流加速，使软性隐型眼镜的水分减少，镜片逐渐干燥变硬，眼睛会感到不适，时间一长，变硬的镜片就会损伤角膜，引起眼睛疼痛或细菌感染。

⊙ 太阳镜颜色的选择

茶色系 茶色系是太阳镜产品中公认的最佳镜片颜色，它几乎可以吸收100%的紫外线和红外线；而且柔和的色调使视觉舒适，让眼睛不容易疲劳。

灰色系 可完全吸收红外线，以及绝大部分的紫外线，并且不会改变景物原来的颜色。温和自然的灰色系使其成为蛮受欢迎的镜片选择。

绿色系 和灰色系眼镜片一样，绿色系镜片可吸收全部红外线和99%的紫外线，但有时景物的颜色在经过绿色镜片后会被改变。因为绿色带给人清凉舒畅感受，对眼睛保护也不错，所以也是很多朋友的首选。

黄色系 黄色系镜片可吸收100%紫外线和大部分的蓝光，吸收蓝光之后，所看到的景物会更清晰，所以在打猎、射击时，配戴黄色镜片当滤光镜较为普遍。

红色系 红色系的太阳镜镜片对一些波长比较短的光线阻隔性较好，而其他防护效果要低于其他三个色系。

另外，特别强调纯蓝色镜片的太阳镜尽量不要选择，纯蓝色镜片使有害的蓝光进入眼球，不利于眼睛健康。

饮食篇

⊙ 五色食物养五脏

天地有五行，人有五脏，而五脏亦配合五行。其实，五行除代表我们熟悉的金、木、水、火、土五种物质之外，也代表我们的五脏：心、肝、脾、肺、肾，同时可引申出五色：白、青、黑、红、黄。只要每餐都吸收到五色的食品便可做到五行相生，达到调和五脏，从而滋补身体的机能。

红色食物养心 红色食物包括胡萝卜、番茄、红薯等。按照中医五行学说，红色为火，故红色食物进入人体后可入心、入血，具有益气补血和促进血液、淋巴液生成的作用。

而且红色食物具有极强的抗氧化性，它们富含番茄红素、丹宁酸等，可以保护细胞，具有抗炎作用，还能为人体提供蛋白质、无机盐、维生素以及微量元素，增强心脏和气血功能。

黄色食物养脾 五行中黄色为土，因此，黄色食物摄入后，其营养物质主要集中在脾胃区域。如南瓜、玉米等，常食可对脾胃大有裨益。黄色食物中维生素A、维生素D的含量均比较丰富。维生素A能保护肠道、呼吸道黏膜，减少胃炎等疾患发生；维生素D有促进钙、磷元素吸收的作用，能壮骨强筋。

绿色食物养肝 绿色入肝，多食绿色食品具有舒肝强肝的功能，是人体“排毒剂”，能起到调节脾胃消化吸收的作用。绿色蔬菜里丰富的叶酸成分，是人体新陈代谢过程中重要的维生素之一，可有效地消除血液中过多的同型半胱氨酸，保护心脏健康。绿色食物还是钙元素的最佳来源，对于一些处在生长发育期或患有骨质疏松症的人，绿色蔬菜无疑是补钙佳品。

白色食物养肺 白色在五行中属金，入肺，利于益气。大多数白色食物，如牛奶、大米和鸡鱼类等，蛋白质成分都较丰富，经常食用既能消除身体的疲劳，又可促进疾病的康复。此外，白色食物还是一种安全性相对较高的营养食物。因其脂肪含量比红色食物肉类低得多，高血压、心脏病等患者，食用白色食物会更好。

黑色食物养肾 黑色食物是指颜色呈黑色或紫色、深褐色的各种天然动植物。五行中黑色主水，入肾，因此，常食黑色食物可补肾。黑芝麻、黑木耳、紫菜等的营养保健和药用价值都很高，它们可明显减少动脉硬化、冠心病、脑中风等疾病的发生率，对流感、慢性肝炎、肾病、贫血、脱发等均有很好的疗效。

⊙ 健康早餐的原则

就餐时间 一般来说，起床后20～30分钟再吃早餐最合适，因为这时人的食欲最旺盛。另外，早餐与中餐以间隔4～5小时为好，也就是说早餐7～8点之间为好，如果早餐过早，那么数量应该相应增加或者将中餐相应提前。

营养搭配 基本要求是：主副相辅，干稀平衡，荤素搭配。要进食一些淀粉类食物，比如馒头、面包、稀饭等。早餐一般需要为全天供给30%的热量，要达到这个标准主要就靠吃主食。还要有一定量的蛋白质，如鸡蛋、肉松、豆制品等食物。维生素最易被人忽视，最好有些酸辣菜、拌小菜、水果等。

保证水分 早餐要摄入至少500毫升的水分，既可帮助消化，又可为身体补充水分，排除废物，降低血液粘稠度。起床后先喝一杯淡蜂蜜水或白开水滋润肠胃是养生的秘诀之一。如果早晨进行体育锻炼，最好先喝水，然后出门锻炼。

容易消化 早晨起床之后，多数人食欲不强，消化能力也比较弱，所以早餐食物必须容易消化，营养丰富又不过于油腻。特别要注意食物不宜过凉，因为凉食物会降低肠胃的消化能力，而且在寒冷季节里容易引起腹泻等问题。

⊙ 健康午餐的原则

午餐过辣不利于身体健康 午餐适量进食辣椒不仅能开胃，还有利于消化吸收，但不能吃过量。太辣的食品对于患胃溃疡的人就不合适，对口腔和食管也会造成刺激。辣椒吃得太多，容易令食道发热，破坏味蕾细胞，导致味觉丧失。

面食不是午餐的最佳选择 如果中午仅仅吃一碗面，其蛋白质、脂肪、碳水化合物等三大营养素的摄入量是不够的，尤其是一些矿物质、维生素等营养素更是缺乏。而且面食很快会被身体吸收消化，饱得快也饿得快，对于下午工作强度大的人来说，面食所提供的热量是绝对不够的。

水果不可代替午餐 有的人为了减肥，中午以水果代替正餐。其实水果与蔬菜各有营养特点，两者不能相互代替。各种蔬菜都含有丰富的膳食纤维，能促进肠道蠕动，让肠胃新陈代谢保持正常，但是水果却没有这种功效。

午餐时喝酒会影响工作质量 酒的主要成分是酒精，它对人的大脑有强烈的麻痹作用。如果一次喝过多的酒，会使人的意识在很长一段时间内处于混乱状态，从而无法控制自己的情绪和行为，所以中午最好不要喝酒。

吃饭速度不宜过快 吃饭速度过快不仅不利于机体对食物营养的消化吸收，还会影响胃肠道的“加工”负担。如果吃饭求速度，还将减缓胃肠道对食物营养的消化吸收过程，从而影响下午脑力或体力工作的正常发挥。

⊙ 健康晚餐的原则

晚餐不过饱 中医认为，“胃不和，卧不宁”。如果晚餐过饱，必然会造成胃肠负担加重，其紧张工作的信息不断传向大脑，就会使人失眠、多梦，久而久之，易引起神经衰弱等疾病。中年人如果长期晚餐过饱，反复刺激胰岛素大量分泌，往往会造成胰岛素B细胞负担加重，从而诱发糖尿病。同时晚餐过饱，必然有部分蛋白质不能被消化吸收，在肠道细菌的作用下，会产生有毒物质，加之睡眠时肠管蠕动减慢，相对延长了这些物质在肠道的停留时间，从而有可能引发大肠癌。

晚餐不过荤 医学研究发现，晚餐经常吃荤食的人比经常吃素食的人，血脂高三四倍。患高血脂、高血压的人，如果晚餐经常吃荤，等于是“火上浇油”。晚餐经常吃荤食，会使体内胆固醇的含量增高，而过多的胆固醇则会堆积在血管壁上，时间久了就会诱发动脉硬化和冠心病。

晚餐不过甜 晚餐和晚餐后都不宜经常吃甜食。糖经消化可分解为果糖与葡萄糖，被人体吸收后分别转变成能量与脂肪。由于晚餐后人的运动量减少，甜食会使体内的脂肪堆积，久而久之会令人发胖。

晚餐不过晚 晚餐不宜吃得太晚，否则易患尿道结石。不少人因工作关系很晚才吃晚餐，餐后不久就上床睡觉。人在睡眠状态下血液流速变慢，小便排泄也随之减少，而饮食中的钙盐除被人体吸收外，余下的须经尿液排出。据测定，人体排尿高峰一般在进食后3~4小时，如果晚餐过晚，会使排尿高峰推迟至午夜，甚至凌晨，而此时人睡得正香，往往不会起床小便，这就使高浓度的钙盐与尿液在尿道中滞留，与尿酸结合生成草酸钙。当草酸钙浓度较高时，在正常体温下可析出结晶并沉淀、积聚，形成结石。

因此，除平常应多饮水外，还应尽早吃晚餐，使进食后的排泄高峰提前，排一次尿后再睡觉最好。

⊙ 吃夜宵四大注意

1. 适当地补充能量即可，不要把夜宵当做正餐来吃。面包片和粥是比较好的选择，太多脂肪的烤肉和涮肉尽量不吃。

2. 夜宵与睡眠之间隔的时间一定要计算好，两者之间不要离的太近，应该休息一两个小时再上床。水分和糖分很多的水果以及一些利尿的食品在睡前一定要少吃，不然相当影响睡眠质量。

3. 夜宵占全天进食的份额不要超过1/5，品种可多样，量一定要少，最佳的搭配是奶制品、少量碳水化合物和一点点水果。

4. 不要太咸。这点非常重要，除了会造成你想不停地喝水之外，还会导致水分难以排出，造成早晨起来面部肿胀。

⊙ 最适合春季吃的食物

我国古代名医孙思邈说过：“春日宜省酸增甘，以养脾气。”意思是说，春季宜少吃酸的，多吃甜的。中医认为春季为肝气旺盛之时，多食酸味食品会使肝气过盛而损害脾胃，所以应少食酸味食品。而人们在春天里的户外活动比冬天增多，体力消耗较大，需要的热量增多。但此时脾胃偏弱，胃肠的消化能力较差，不适合多吃油腻的肉食。下面介绍的是最适合在春季食用的美食。

葡萄干 葡萄干有益气、补血的作用，可养肝血，适合易贫血、常头晕目眩的人吃。春天易头晕的人，通常气血较不足，而且葡萄干富含铁质，对女性来说是造血所需，不过因糖分较高，所以怕胖、患有糖尿病者、容易拉肚子的人要少吃，建议1天不要吃超过半个手掌的量。

龙眼 肝血不足、气血循环不佳者，易在春天睡不好、没精神。而龙眼干可入脾养血。脾胃养足了，肝血、肝气也较足，晚上睡不好、易头晕的人可多吃。不过常口干舌燥、易上火、体质较燥热的人则要少吃，建议1天不要吃超过半个手掌的量。

糯米 糯米糕补体力，有补中益气、补充营养的作用，寒凉的早春天气吃糯米，可温补脾胃、养血安神，适合脾胃气虚、常腹泻的人，也就是适合天冷时容易肚痛腹泻或肚子冰凉的人吃，但糯米不易消化，1天吃约占半个手掌的量即可。

山药 山药味甘性平、健脾益气，经常食用可提高机体的免疫力，增强巨噬细胞的吞噬作用，及时"消灭"入侵体内的细菌、病毒。而平时容易出现多汗、反复感冒的气虚患者在春季更应该格外注意适度增加山药的摄入量。

蜂蜜 中医认为，蜂蜜味甘，入脾胃二经，能补中益气、润肠通便。春季气候多变，天气乍暖还寒，人容易感冒。由于蜂蜜含有多种矿物质、维生素，还有清肺解毒的功能，故能增强人体免疫力，是春季最理想的滋补品。

春芽 春日食春芽。孔子说"不时，不食"，意思是，不是这个季节的（东西）就不吃。中医经典著作《黄帝内经》也说要"食岁谷"，就是要吃时令食物。春天里所有的植物都生发出鲜绿的嫩芽，可以食用的春芽有很多，如香椿、豆芽、蒜苗、豆苗、莴苣等。

韭菜 春天气候冷暖不一，需要保养阳气，而韭菜最宜人体阳气。韭菜含有挥发油、蛋白质、脂肪和多种维生素等营养成分，有健胃、提神、强肾等功效。

春笋 被誉为"素食第一品"春笋笋体肥厚，美味爽口，营养丰富，炒、炖、煮、煨皆成佳肴，地方名菜中春笋均有一席之地，如上海的"枸杞春笋"、南京的"春笋白拌鸡"、浙江的"南肉春笋"。

菠菜 菠菜是一年四季都有的蔬菜，但以春季为佳，春季上市的菠菜，对解毒、防春燥颇有益处。中医也认为菠菜性甘凉，能养血、止血、敛阴、润燥。因菠菜含草酸较多，有碍钙和铁的吸收，吃菠菜时宜先用沸水烫软，捞出再炒。

⊙ 最适合夏季吃的食物

酸味食物 夏季出汗多而最易丢失津液，所以适当吃些酸味食物，如番茄、柠檬、草莓、乌梅、葡萄、山楂、菠萝、芒果、猕猴桃等可预防流汗过多而耗气伤阴，又能生津解渴，健胃消食。若在菜肴中加点醋，醋酸还可杀菌消毒，防止胃肠道疾病发生。

苦味食物 俗话说：天热食“苦”胜似进补。苦味食物中含有氨基酸、维生素、生物碱、苷类、微量元素等，具有解热泄火功能，常见的“苦”味食物有苦瓜、蒲公英、茶叶等。

富钾食物 人在夏天出汗多，容易流失钾离子造成低血钾现象，因此夏天宜多吃含钾食物，如香蕉、草莓、桃子、菠菜、马铃薯、大葱、芹菜、毛豆等。

顺气食物 夏天天气炎热，往往造成人们身心疲惫烦闷，选食一些顺气又可口的食物尤为重要，如萝卜、藕、茴香、山楂等。

⊙ 最适合秋季吃的食物及搭配

莲藕 秋令时节天气干燥，吃些藕，能起到养阴清热、润燥止渴、清心安神的作用。同时，莲藕性温，有收缩血管的功能，多吃可以补肺养血。

最佳吃法：七孔藕淀粉含量较高，水分少，糯而不脆，适宜做汤；九孔藕水分含量高，脆嫩、汁多，凉拌或清炒最为合适。

最好搭配：黑白木耳。搭配银耳可以滋补肺阴，搭配黑木耳则可以滋补肾阴。

花生 中医认为，花生性平，味甘，入脾、肺经。可以醒脾和胃、润肺化痰、滋养调气、清咽止咳。主治营养不良、食少体弱、燥咳少痰、咯血、皮肤紫斑、产妇乳少及大便燥结等病症。

最佳吃法：新鲜花生最好连壳煮着吃，煮熟后的花生不仅容易消化吸收，而且可以充分利用花生壳和内层红衣的医疗保健作用。花生红衣能抑制纤维蛋白的溶解，促进血小板新生，加强毛细血管的收缩功能，可治疗血小板减少和防治出血性疾病；花生壳有降低血压、调整胆固醇的作用。古籍认为，花生补中益气，盐水煮食养肺。

最好搭配：红枣。搭配红枣，能补脾益血、止血。对脾虚血少、贫血有一定疗效，对女性尤为有益。

山药 山药不仅有“神仙之食”的美誉，还有“食物药”的功效。中医认为，秋吃山药有健脾益胃、滋肾益精、益肺止咳的功效。

最佳吃法：蒸着吃、做汤喝、炒菜均可。蒸着吃，营养损失最少。

最好搭配：枸杞。如果不单独吃山药，可以和枸杞搭配来熬枸杞山药粥，能更好地发挥滋补效果。

黄酒 “菊花开，饮黄酒”。中医认为，黄酒性热味甘苦，有通经络、行血脉、温脾胃、润皮肤、散湿气等治疗作用。

最佳饮用方法：黄酒温饮，暖胃驱寒。黄酒的传统饮法是放在热水中烫热或隔火加热后饮用，以35℃～45℃为佳。在黄酒烫热过程中，黄酒中含有的极微量对人体健康无益的有机化合物，会随着温度升高而挥发掉，减轻对身体的伤害。

最好搭配：乌梅。秋季讲究饮食以“收”为主，搭配乌梅恰恰符合“收”的理念，有养阴生津、润肺护肝的作用。

梨 秋季空气干燥，水分较少，若能每天坚持食用一定量的梨，能缓解秋燥，生津润肺。不同种类的梨性寒程度也不完全一样，如我们常吃的天津鸭梨、香梨和贡梨寒性差不多，而皮粗的沙梨和进口的啤梨，则寒性更大一些。

最佳吃法：吃生梨能明显解除上呼吸道感染患者出现的咽喉干、痒、痛、声音哑以及便秘、尿赤等症状；将梨煮熟或蒸熟吃，如冰糖蒸梨可以起到滋阴润肺、止咳祛痰的作用，对痛风病、风湿病及关节炎有防治功效。

最好搭配：蜂蜜。闻名中外的梨膏糖，就是用梨加蜂蜜熬制的，对患肺热久咳的病人有明显疗效。

百合 秋季由于气候干燥，空气中缺乏水分，人们常感到口鼻、皮肤干燥，渴欲不止，甚至出现肺燥咳嗽。百合有润肺止咳、清心安神等功效，成为秋季食用之上品。

最佳吃法：煮粥。如百合与糯米制成百合粥，放上一点冰糖，不仅可口，而且安神，有助于睡眠；还可以用百合、莲子和红枣共煮成羹，可补益安神。

最好搭配：杏仁。杏仁有润肺止咳、清心安神的功效，搭配百合熬粥适用于病后虚弱、干咳患者。

⊙ 最适合冬季吃的食物

土豆 因其营养丰富而有“地下人参”的美誉。土豆的营养成分非常丰富，100克土豆蛋白质含量在2克~2.5克，而且土豆的蛋白质质量好，接近动物性蛋白，不但有润肠作用，还有脂类代谢作用，能帮助胆固醇代谢。

此外，土豆有人体必需的8种氨基酸，还含有多种维生素，其中维生素C的含量比较多。此外，土豆中钙、磷、镁、钾含量也很高。

茄子 茄子是为数不多的紫色蔬菜之一，也是餐桌上十分常见的家常蔬菜，在它的紫皮中含有丰富的维生素E和维生素P，这是其他蔬菜所不能比的。

茄子纤维中所含的皂草甙，具有降低胆固醇的功效。茄子中含有龙葵素，对癌症有一定的抑制作用。

菜花 菜花富含蛋白质、脂肪、碳水化合物、食物纤维、维生素及矿物质，其含有一般蔬菜所没有的有助于骨骼生长发育的维生素K。菜花还是含有类黄酮最多的食物之一，而其钙含量还可与牛奶相媲美。冬季因天气原因，人们出行减少，所以应多食用钙含量丰富的食品。

胡萝卜 胡萝卜含有丰富的胡萝卜素(每100克中平均含有1.35克)，在蔬菜中名列前茅。胡萝卜素在小肠壁以及肝细胞中可转变为维生素A并供人体利用，人体平时所需要的维生素A有70%是由胡萝卜素转变而来的。

奶制品 奶制品含有丰富的钙质、维生素、蛋白质和矿物质，经常食用奶制品，可以全面地补充人体所需要的各种营养素，且不必担心某种营养素过剩的情况。

鸡蛋 鸡蛋含有丰富的蛋白质、维生素和矿物质，其中维生素种类达12种。每天早晨吃一个鸡蛋，还有减肥功效，因为鸡蛋会使人在接下来的一天内摄入的热量减少，从而达到减肥的效果。

坚果 坚果类食物富含高纤维、高蛋白，经常吃对于心脏的保健有明显效果，还能抗衰老。但坚果大多含有大量的脂肪，因此不宜多吃。按照专家给出的标准，常见的坚果类食物每天食用不要超过半两为宜。

豆类 豆制品富含不可溶性纤维，它不但可以有效降低人体胆固醇的含量，还可以帮助人体排出毒素。另外，豆类食物营养丰富，因此专家建议，每周饮食至少要食用三次以上的豆类食物。

水果干 通常水果干在加工过程中只滤去水分，而水果中的维生素、铁、钾等矿物质元素基本上没有什么损失。在应季水果较少的冬天，水果干可作为正餐中间补充。

⊙ 女性每天必吃的抗衰老食物

女性养生重点在于饮食的搭配和选择上。那么哪些食物适合女性多吃呢？

菠菜 菠菜能促进骨骼和肌肉生长，强化心脏健康，同时还能提高视力。它是欧米伽–3与叶酸的丰富植物来源，可以帮助减少心脏病、中风等风险的发生。此外，菠菜还富含叶黄素，这种化合物可以对抗年龄造成的退化。

酸奶 酸奶中含有乳酸，可有效地提高钙、磷在人体中的利用率。女性在28岁以后，因生育及生理特点，骨钙每年以0.1%～0.5%的速度减少，到60岁时将达到5%的骨钙减少，发生骨质疏松，可见，补钙对女性的一生都很重要。另外，酸奶还有增加体内的益菌、促进免疫系统的功能等诸多优点，女性应多食用。酸奶加上蓝莓、核桃、亚麻与蜂蜜，是最佳的早餐或点心。

黑豆 黑豆是很好的大脑活化剂，因为黑豆富含花青素，它能保护脑神经不被氧化，能稳定脑组织功能，保护大脑不受有害化学物质和毒素的伤害。每日摄取半杯的黑豆，可以获得8克蛋白质和7.5克纤维，不仅低卡，还不含对人体有害的饱和脂肪。

核桃 核桃仁含有丰富的营养素，每百克含蛋白质15～20克，脂肪60～70克，碳水化合物10克；并含有人体必需的钙、磷、铁等多种微量元素和矿物质及胡萝卜素、核黄素等多种维生素。核桃中所含脂肪的主要成分是亚油酸甘油脂，食后不但不会使胆固醇升高，还能减少肠道对胆固醇的吸收。此外，核桃仁中的油脂还可供给大脑基质的需要。常食有益于脑的营养补充，有健脑益智作用。核桃仁还具有补气养血、润燥化痰、温肺润肠、散肿消毒等功能。

燕麦 燕麦可以帮助肌肉生长，促进心脏健康，燕麦也是大脑的活化剂。事实上，燕麦富含可溶解纤维，可以降低心脏病风险。虽然燕麦也含有不少碳水化合物，但它释放糖分的速度会被纤维质减慢，更重要的是，每半杯燕麦就含有10克蛋白质，能够平稳地提供肌肉生长能量。

绿茶 绿茶含有大量的抗氧化物质。研究发现，绿茶除了能提高身体的新陈代谢水平，还能够降低患心脏病、癌症的危险性。但在喝茶时一定要选择绿色有机茶，而不是茶饮料。

强化谷物 每日获取铁元素最快捷的方式就是食用含铁的强化谷物。摄取足量的铁质对于防止缺铁性贫血具有重要作用。缺铁性贫血能导致身体虚弱、疲乏无力、注意力不集中、肢体寒冷以及体温调节能力下降等。因此，每天食用一份强化谷物食品的同时，再吃一点含有丰富抗氧化剂的覆盆子，会成为女性的一道完美早餐。

鲑鱼 营养专家指出，孕妇应当保证食物中含有丰富的欧米伽–3脂肪酸，因为这类脂肪酸对胎儿的大脑发育至关重要。鲑鱼的烹调方法多样，煎、炸、炖、煮都可以。若在吃鱼的同时再来一道菠菜，保健效果会更好。因为菠菜中含有许多铁元素、钙质及叶酸，从而构成了孕妇最完美的营养套餐。

⊙ 最适合女性经期吃的食物

经期是女性比较“脆弱”的一段时间：失血，怕凉，情绪不安……再加上有些女性会有痛经的习惯，更是把经期变成了难挨的“倒霉”日子。事实上，欲改善这些症状，除了生活正常、养成运动习惯外，依不同体质、状况摄取适当的饮食，也可以让经期“月月顺”。

1. 不要吃过多的甜食，如饮料、蛋糕、红糖、糖果。防止血糖不稳定，避免加重各种不适。

2. 疏菜、水果、全麦面包、糙米、燕麦等食物含有较多纤维，可促进动情激素排出，增加血液中镁的含量，有调整月经及镇静神经的作用。

3. 在两餐之间吃一些核桃、腰果、干豆等富含维生素B群的食物，从而缓解焦虑和神经紧张。

4. 午餐及晚餐多吃肉类、蛋、豆腐、黄豆等高蛋白食物，补充经期所流的营养素、矿物质。

5. 咖啡、茶等饮料中含有咖啡碱，可能会导致经期血量增多，因此应改喝红糖水或大麦茶等暖性饮品。

6. 避免吃太热、太冰、温度变化太大的食物。

7. 经期血量较多的女性，应多摄取菠菜、蜜枣、红菜汤、葡萄干等高铁质食物来补血。

8. 艾叶炒鸡蛋。艾叶能暖宫、调经止血、散寒除湿，并能预防春天的流行疾病。

9. 即将面临更年期的妇女，应多摄取牛奶、小鱼干等钙质丰富的食品。

⊙ 孕妇必吃的十七种食物

1. **猪血** 猪血中含有人体不可缺少的无机盐，如钠、钙、磷等，猪血含铁丰富，每百克中含铁量45毫克，比猪肝几乎高2倍（猪肝每百克含铁25毫克）。铁是造血所必需的重要物质，具有良好的补血功能。因此，孕妇以及分娩后的妇女膳食中要常有猪血，既防治缺铁性贫血，又增补营养。

健康提示：猪血与海带同食会引起便秘；与黄豆同食可导致气滞；胃下垂、痢疾、腹泻等疾病患者不要食用猪血，防止病情加重。

2. **橙子** 橙子中含有丰富的维生素C，有生津止渴、通乳、消食开胃等功效。另外，橙子中的柠檬酸可消除孕妇的疲劳。一些孕妇在孕期会有皮肤干燥瘙痒的困扰，多吃橙子可使此症状有所缓解。

健康提示：过量食用会引起中毒，出现全身变黄等症状。（适用量：每天食用2~3个）

3. **牛奶** 牛奶除不含膳食纤维外，几乎含有人体中所需的各种营养物质，其蛋白质含量为3.5%~4%，脂肪含量为3%~4%，碳水化合物含量为4%~6%，牛奶中钙、磷、钾等微量元素的含量也极为丰富。

4. **乌鸡** 中医认为，乌鸡性平、味甘，有益气补血、滋阴清热、调经活血等功效。特别是对妇女的气虚、血虚、脾虚、肾虚等症尤为有效。现代医学研究认为，乌鸡含有人体不可缺少的赖氨酸、蛋氨酸和组氨酸，能调节人体免疫功能以及抗衰老等功效。

健康提示：乌鸡虽然营养丰富，但多食能生痰助火，故不能过多食用。

5. **香菇** 香菇营养丰富，多吃能强身健体，增强对疾病的抵抗能力，促进胎儿的发育。营养学家对香菇进行了分析，发现香菇含有一种一般蔬菜缺乏的物质，它经过太阳紫外线照射后，会转化为维生素D，对增强人体抵抗力起着重要的作用。

健康提示：特别大的香菇多数是用激素催肥的，建议不要购买。

6. **鲫鱼** 鲫鱼有健脾利湿、和中开胃、活血通络、温中下气的功效，对孕晚期下肢或全身水肿的孕妇有很好的消肿作用。民间常给产后妇女炖食鲫鱼汤，既可以补虚，又有通乳催奶的作用。

健康提示：一般人均可食用，尤适合老人、儿童、孕产妇及体虚者食用。

7. **鸡肉** 中医认为，鸡肉味甘、性温，有温中益气、补虚损的功效。可用于由于早孕反应引起的脾胃气虚，孕晚期的浮肿，产后乳少、虚弱头晕等症。现代医学认为，鸡肉营养丰富，是高蛋白、低脂肪的健康食品。其中氨基酸的组成与人体需要的十分接近，同时它所含有的脂肪酸多为不饱和脂肪酸，极易被人体吸收。鸡肉中含有的多种维生素，也是孕产妇所必需的。

健康提示：有动脉硬化、冠心病、高血脂、感冒等病症者要谨慎食用。鸡屁股是淋巴腺体集中的地方，含有多种病毒、致癌物质，不可食用。

8. **虾仁** 虾肉具有味道鲜美、营养丰富的特点，其中钙的含量居各种动植物食品之冠，特别适宜孕产妇食用。同时它还含有微量元素硒，能预防癌症。祖国医学认为，虾为补肾壮阳的佳品，对肾亏腰膝酸软、四肢无力、产后缺乳、皮肤溃疡等症，均有很好的防治作用，经常食用，还可延年益寿。

9. **大枣** 红枣营养丰富，含有丰富的营养物质和多种微量元素。红枣含有的维生素C比苹果、梨、葡萄、桃、山楂、柑、橘、橙、柠檬等水果均高，还含有维生素P、维生素A、B族维生素和黄酮类物质环磷酸腺苷、环磷酸鸟苷等，十分有益于人体健康，故红枣又有“天然维生素”的美誉，对于孕妇补充营养及胎儿生长发育都有很大的帮助。

10. **鲤鱼** 鲤鱼营养丰富，含蛋白质20.5%、脂肪2.7%，以及钙、磷、B族维生素等物质，容易被人体消化吸收，是男女老少的滋补佳品。中医研究，鲤鱼性味甘平，入脾、肾，有“利水、下气、通乳”的功效。历代医学称赞它是“治疗黄疸、水肿、咳喘、反胃、孕妇下肢水肿、胎动不安、产后缺奶”等症的美食和良药，同时又是促进婴儿视力、大脑发育的必不可少的养分。除此之外，其所含的氨基乙磺酸还具有维持正常血压、增强肝脏等功能，可防治视力衰退和提高暗视野的能力。

11. **豆浆** 鲜豆浆被我国营养学家推荐为防治高血脂、高血压、动脉硬化等疾病的理想食品。多喝鲜豆浆可预防妊高症的发生。饮用鲜豆浆可防治缺铁性贫血。豆浆对于贫血病人的调养作用比牛奶要强。以喝熟豆浆的方式补充植物蛋白，可以使人的抗病能力增强，从而达到抗癌和保健作用，长期坚持饮用豆浆能防治气喘病。中老年妇女饮用豆浆，能调节内分泌系统，减轻并改善更年期症状，促进体态健美和防止衰老。青年女性常喝豆浆，则能减少面部青春痘、暗疮的发生。孕产妇常喝豆浆，能使皮肤白皙润泽，容光焕发。

12. **木瓜** 木瓜具有平肝和胃、舒筋活络、软化血管、抗菌消炎、抗衰养颜、抗癌防癌、增强体质的功效，是一种营养丰富、利于人体健康的水果。

13. **香蕉** 香蕉含有丰富的维生素和矿物质。中医认为，香蕉有清热、解毒、生津、润肠的功效。现代医学认为，香蕉中含有丰富的钾，若每天吃上一根香蕉，就可以满足体内钾的需求，同时还可以稳定血压，保护胃肠道。孕产妇经常食用香蕉，可缓解紧张等不良情绪，有安神宁心的功效。

14. **火龙果** 火龙果含有一般植物少有的植物性白蛋白及花青素、丰富的维生素和水溶性膳食纤维，对重金属中毒具有解毒的功效。

15. **苦瓜** 苦瓜因其味苦而清香可口，被人们视为难得的食疗佳蔬。它含有丰富的蛋白质、脂肪、碳水化合物，还含有粗纤维、胡萝卜素、苦甙、磷、铁和多种矿物质、氨基酸等；苦瓜还含有较多的脂蛋白，可帮助人体免疫系统抵抗癌细胞，经常食用可以增强人体免疫功能。苦瓜还含有喹宁，因此，苦瓜具有清热解毒的功效。孕产妇经常食用苦瓜，可促进机体新陈代谢并改善内分泌系统。

16. **白菜** 白菜对于促进造血机能的恢复，防止血管硬化、血清胆固醇沉积等方面具有良好的功效。此外，白菜汁中还含有维生素A和维生素C。

17. **菠菜** 菠菜营养极为丰富，它是特别适合孕产妇的食品。菠菜中所含的酶对胃和胰腺的分泌功能起到良好作用。另外，也适于贫血、胃肠失调、呼吸道和肺部疾病患者食用。

⊙ 孕妇饮食禁忌的三大误区

误区一： 西瓜凉性清火，孕妇不宜吃太多的西瓜，否则会减少羊水。

专家解答：西瓜营养丰富，每100克瓜瓤可含水分92～98克、胡萝卜素0.10～0.31毫克，妊娠早期吃些西瓜，可以生津止渴，除腻消烦，对止吐也有较好的效果。妊娠晚期，孕妇常会发生轻度的水肿，在夏季常吃些西瓜，不但可以补充纤维素和维生素C，还有利尿消肿的作用。

此外，从医学上看，吃西瓜与羊水的多少没有关系。

误区二：孕晚期补钙补多了，胎儿会骨头太硬，不好入盆，自然方式分娩会不好生。因此，孕晚期就不要补钙了。

专家解答：这种说法是不对的。好不好入盆主要跟胎儿个头大小、孕妇骨盆的大小和类型等因素有关；胎儿骨骼强度与孕周有关，妊娠时间越长（如超过预产期），胎儿的颅骨越硬越不容易顺产。

实际上，孕妇对钙的需求量很大，孕妇每日对钙的需求量是，在孕20周前为1～1.5克，孕20周后要达到1.5～2.0克。从孕28周开始，胎儿骨骼开始钙化，每天需要沉积约110毫克的钙。因此，孕妇对钙的需求量明显增加，如果钙储备不足，产后容易发生骨质疏松。

误区三：孕妇要多吃高蛋白、高脂肪的食物，为胎儿补充营养，以后就能生一个白白胖胖的宝宝。

专家解答：吃含脂肪量高的食物（如油条、即食面、薯片）或甜品（如糖果、果酱、汽水）可使孕妇体重激增，会影响母子的健康。

因此，孕妇的营养补充不是越多越好，应该遵循营养医生或临床医生的指导。

⊙ 孕妇防辐射必吃的六类食物

那些经常和电脑打交道的准妈妈们，除了要警惕电脑辐射带给宝宝的伤害，还要注意对自身伤害。除了缩短每天和电脑的接触时间外，还可以在饮食上抵抗辐射。下面介绍的是6种可防辐射的食物。

1. **各种豆类、橄榄油、葵花籽油、油菜、青菜、芥菜、卷心菜、萝卜等十字花科蔬菜和鲜枣、橘子、猕猴桃等新鲜水果** 各种豆类、橄榄油、葵花籽油和十字花科蔬菜富含维生素E，而鲜枣、橘子、猕猴桃等水果富含维生素C，维生素E和维生素C都属于抗氧化维生素，具有抗氧化活性，可以减轻电脑辐射导致的过氧化反应，从而减轻皮肤损害。

2. **鱼肝油、动物肝脏、鸡肉、蛋黄和西兰花、胡萝卜、菠菜等** 此类食品富含维生素A和β-胡萝卜素，这类食品有助于抵抗电脑辐射的危害。

3. **番茄、西瓜、红葡萄柚等红色水果** 这些红色水果富含一种抗氧化的维生素——番茄红素。番茄红素是迄今为止所发现的抗氧化能力最强的类胡萝卜素，它的抗氧化能力是维生素E的100倍，所以，食用这类食物将极大地减弱电脑辐射的危害。

4. **海带** 海带是放射性物质的“克星”，它含有一种称作海带胶质的物质，可促使侵入人体的放射性物质从肠道排出。

5. **芝麻、麦芽和黄芪** 这类食物含丰富的硒，还富含具有抗氧化作用的维生素E，双重作用更有利于抵挡电脑辐射。

6. **绿茶** 绿茶能降低辐射的危害，茶叶中的脂多糖有抗辐射的作用，茶叶中含有丰富的维生素A原，它被人体吸收后，能迅速转化为维生素A。如果不习惯喝绿茶，菊花茶同样也能起到抵抗电脑辐射和调节身体功能的作用。

⊙ 最适合月子里吃的八种食物

1. **小米** 小米富含维生素B_1和维生素B_2，还含有大量的纤维素，能帮助坐月子的妈妈恢复体力，刺激肠胃蠕动，增进食欲。

健康提醒：月子主食不能完全以小米为主，否则会造成营养的流失。而且小米中赖氨酸的含量太低，摄入过量会影响蛋白质的吸收。

2. **粗粮饺子** 粗粮富含纤维，坐月子的妈妈可以尝试着用小麦粉和面包饺子。

3. **红糖** 红糖含铁量高，是坐月子的妈妈传统的补血好食材，因为它所含的葡萄糖比白糖多得多，另外，它含多种微量元素和矿物质，能保证身体的循环系统正常工作，促进恶露排出。

健康提醒：红糖水的饮用不能超过10天，时间过长会增加血性恶露，而且夏天会让新妈妈出汗更多而导致体内缺少盐分。

4. **鸡蛋** 鸡蛋富含蛋白质、卵磷脂、卵黄素及多种维生素和矿物质，不但有助于月子里的新妈妈恢复体力，还能维护神经系统的健康。

健康提醒：每天吃3～4个已足够，过多蛋白质人体无法吸收，还会诱发其他营养病。

5.**马铃薯** 马铃薯富含膳食纤维和B族维生素，适合坐月子的妈妈食用。

6. **芝麻** 芝麻富含蛋白质、脂肪、钙、铁、维生素E，它能提高和改善坐月子的妈妈的膳食营养质量。

7. **鲫鱼汤** 鲫鱼营养价值极高，所含的蛋白质质优、齐全、容易消化，营养素全面，同时，鲫鱼含糖量少，脂肪少，更利于新妈妈的瘦身计划。

健康提醒：鸡汤、肉汤也有类似的功效，但在吃前应该尽量将浮油撇除，不然会影响奶水质量。

8. **山楂** 酸甜可口，能让没有胃口的新妈妈增强食欲，帮助消化，而且能促使子宫收缩和加快恶露的排出。

健康提醒：山楂并不属于温性水果，新妈妈吃山楂要适量，最好能作为煲汤的配料或者煮水喝。

⊙ 月子里要少吃的食物

月子里，新妈妈一定要注意饮食。一些不适合多吃的食物，一定要少吃点。

不要吃巧克力 产妇吃过多的巧克力，会影响食欲，使身体发胖，还会使身体缺乏必需的营养素，研究还证实，如果过多食用巧克力，对哺乳婴儿的发育会产生不良的影响，所以产妇最好不要吃巧克力。

忌食过咸食物 因咸食中含盐较多，可引起产妇体内水钠潴留，易造成浮肿，并易诱发高血压。

其他应节制的食物 葱、姜、辣椒等辣物会对胃造成刺激；冷冻食品过量容易引起痢疾；晒干的食品和多纤维蔬菜，过量食用会引起消化不良；浓茶、浓咖啡、红茶、酒精等饮料和酱菜、腌菜等含盐丰富的食品，都应该节制进食。

另外，产妇要忌食酸性食品，如乌梅、南瓜等。

除了辛辣食物、过酸过咸的食物外，下面这几种常见的零食和饮品也最好不要出现在坐月子妈妈的食谱上。

茶 茶叶中含有的鞣酸会影响肠道对铁的吸收，容易引起产后贫血；茶水中还含有咖啡因，饮用茶水后会影响睡眠，影响新妈妈的体力恢复。而且茶水通过乳汁进入宝宝体内后，还会让宝宝的肠胃发生痉挛。

乌梅 这种酸涩食品会阻滞血液的正常流动，不利于恶露的顺利排出。

冰冻食品 不利于消化系统的恢复和血液的循环，还会给新妈妈的牙齿带来不良影响。

⊙ 最适合男性吃的食物

生蚝 生蚝含有高浓度成分的锌，对制造男性荷尔蒙极有帮助。

辣椒 辣椒医疗保健用途很广，包括缓解气喘病、发热、喉咙痛及气管感染、消化不良、牙痛等。

核桃 核桃具有补肾之效，从中医角度而言，肾主宰性功能。

菠菜 谈到菠菜，人们总觉得里面的叶酸比较多，吃多了人体容易产生结石。但有专家指出，叶酸对于男人来说是举足轻重的。叶酸不但可以使肱二头肌收缩有力，而且可与菠菜中同含有的欧米茄脂肪酸一起提供肌肉生长所需要的能量，从而使肌肉对胰岛素更敏感，有利于增大肌肉减少脂肪。美国专家认为，菠菜中所富含的叶酸能够加快通往生殖器官的血液循环，提高性能力。

酸奶 酸奶中含有大量的乳酸菌，这些乳酸菌经过消化道时(大肠、小肠)起着抗菌和防腐的作用，调节肠道中微生物菌群平衡。长期进食乳酸菌可降低人体胆固醇水平，防止白内障的形成。

番茄 番茄含有丰富的维生素C，可有效防癌抗癌，番茄性甘、酸、微寒，有生津止渴、健胃消食、凉血平肝、清热解毒、降低血压的功效，对高血压、肾脏病人有良好的辅助治疗作用。

蓝莓、草莓、紫葡萄 它们含有丰富的抗氧化剂多酚，抗氧化剂在保护人体免受自由基损害方面发挥关键作用，它通过抑制自由基来维持身体氧化平衡，延缓衰老，并能降低癌症和心脏病等疾病的发病风险。

黑豆 黑豆含有丰富的蛋白质、维生素E、B群维生素、钙、铁、亚麻油酸及卵磷脂等成分，具有补肾、祛风除热、调中下气等功效。

燕麦 燕麦可以有效地降低血液中的胆固醇，经常食用，对心脑血管病可起到一定的预防作用；对糖尿病患者也有非常好的降糖、减肥的功效；燕麦粥有通大便的作用；燕麦还可以改善血液循环，为男性缓解生活工作带来的压力。

⊙ 男性最不宜多吃的五种食物

1. **油炸食物** 油炸食物中含有大量的反式脂肪。要论破坏度，反式脂肪比饱和脂有过之而无不及。薯条和其他油炸类食物、饼干、曲奇中都含反式脂肪。

2. **精面粉** 在全麦加工成精面包的过程中，锌元素会损失四分之三，而对于性欲的培养和生殖的健康，锌恰恰是至关重要的。因此，要少吃或不吃精面粉做成的食物。

3. **黄豆** 黄豆是一种含有雌激素特质的食品，如过量摄入会提高机体雌激素水平，从而影响到男性性征。

4. **肥肉** 肥肉中含有饱和脂肪和胆固醇，这些物质过多会容易堵塞血管，因此要尽量少吃肥肉。

5. **高脂牛奶** 牛奶和乳制品堪称最佳蛋白质来源，但它们中间也有区别。如果是全脂产品，那么还是敬而远之的为好。事实上，高脂牛奶及乳制品的危害不亚于肥肉，如果将两者混合，其危害更大。

⊙ 男性更年期的饮食调养

大部分男性进入更年期后，身体的机能衰退，性欲减弱，全身肌肉也不如年轻时那样发达强健，还会出现体重增加等症状。其实，如果男性朋友平时在饮食方面能够稍加注意，则可以大大减缓衰老的速度。

少吃糖，多补蛋白质 要减少食用含糖量高的食物，多吃富有蛋白质、钙质和多种维生素的食物，注意合理补充营养。鸡、鱼、兔肉易于吸收，可适当食用；豆类及豆制品，不仅含有大量植物性蛋白质，还是人体必需的微量元素的“仓库”，可适量食用；鲜蔬菜可提供大量维生素，应多食用。

多食有利性腺的食物 中医认为，虾、羊肉、麻雀、羊肾、韭菜和核桃等可增强性腺功能。可以采用羊肉肉苁蓉粥、肉苁蓉精炖羊肉、杜仲爆羊腰、冬虫夏草清焖鸭、虾炒韭菜、核桃仁炒韭菜、麻雀粥、人参酒、一品山药等搭配方法加以食用。

多食有利神经系统和心血管的食物 改善神经系统和心血管功能的食物有羊心、猪心、山药、核桃仁、大枣、龙眼、桑葚、茯苓饼、叁枣饭、桑葚蜜膏、核桃仁粥、糖渍龙眼、玫瑰烤羊心等。实践证明，以上各种食物对治疗头痛、头晕、乏力、心悸、气急、手足发凉发麻等男性更年期症状有较好的效果。

另外，要少饮酒、少吸烟，最好不饮烈性酒、不吸烟。因为酒精和尼古丁会对中枢神经系统带来不良的影响。

⊙ 适合老年人常吃的八种食物

1. **带馅食物** 带馅面食最大的优点是营养素齐全，符合人体需要。既是主食，又兼副食；既有荤菜，又有素菜，其中动物性来源可以是猪、牛、羊肉、鸡蛋和虾肉；植物性来源可以是白菜、韭菜、芹菜、茴香和胡萝卜。面粉做的皮儿，含有多种维生素和微量元素，猪肉或牛肉、羊肉做的馅可以为人体补充优质蛋白，营养价值很高。大白菜、韭菜、萝卜、扁豆等青菜的配料含有多种维生素、矿物质，可以促进肠蠕动，使大便通畅，一般调馅时还会放点油，最好是植物油，这就增加了体内的植物类脂肪。陷中的葱、姜等调料则有杀菌的作用。

2. **酸奶** 酸奶中的乳酸菌在肠道内能抑制有害菌的繁殖，防止腐败菌在肠道内分解肠内容物过程中产生有毒物质，对于防癌和抗衰老有一定的作用。酸奶可作为一种防便秘的轻泻剂。对常见于老年人中的便秘有一定缓解作用。

3. **鱼肉** 鱼肉的肉质细嫩，比畜肉、禽肉更易消化吸收。同时鱼肉中脂肪含量低，对防治心脑血管疾病更为有效，常吃鱼还有健脑作用。因此，中老年人应多吃鱼。

4. **虾皮** 虾皮的营养极为丰富，素有“钙库”的美称，虾皮富含蛋白质、钙、钾、碘、镁、磷等微量元素及维生素、氨茶碱等成分；虾皮中丰富的镁元素对心脏活动具有重要的调节作用，能很好地保护心血管系统，减少血液中的胆固醇含量，对于预防动脉硬化、高血压及心肌梗死有一定的作用。

5. **紫菜汤** 紫菜含有丰富的维生素和矿物质，特别是维生素B_{12}、B_1、A、C、E等。它所含的蛋白质含量极高，还含有胆碱、胡萝卜、硫胺素等多种营养成分。

由于紫菜蛋白质含量高，容易消化吸收，故适合老年人食用。紫菜中还含有大量可以降低有害胆固醇的牛磺酸，有利于保护肝脏。紫菜中的食物纤维，可以保持肠道健康，将致癌物质排出体外。此外紫菜中含有较丰富的胆碱，常吃紫菜对记忆衰退有改善作用。

6. **红薯** 红薯的营养很丰富，含有糖，蛋白质，脂肪，粗纤维，胡萝卜素，维生素B_1、B_2、C和钙、磷、铁等。由于红薯含丰富的胡萝卜素和食物纤维，所以有通便、降低血脂的作用。

7. **粗粮** 比起精加工的面粉和稻米，杂粮的营养素全面、均衡，营养价值更胜一筹，杂粮中维生素B_1的含量较高，它能增进食欲，促进消化，维护神经系统的正常功能。

老年人适当吃些粗粮，有助于维持老年人良好的食欲和消化液的正常分泌，还可防止因食物纤维不足而引起的大便干燥、便秘等症状。

8. **猪血** 猪血的营养十分丰富，蛋白质含量很高，且容易被人体消化、吸收。猪血中的血浆蛋白被人体内的胃酸分解后，产生一种解毒、清肠分解物，能够与侵入人体内的粉尘、有害金属微粒发生化合反应，易于将毒素排出体外。另外，猪血含铁量非常丰富，每100克猪血含铁量高达45毫克。因此，贫血的老年人常吃猪血可以起到补血的作用。

⊙ 老年人不宜多吃的食物

有些食物虽然营养价值很高，但由于老年人消化功能衰退，多吃往往对身体造成危害，以下四种食物老年人不宜多吃。

银耳 银耳营养丰富，还有补肾、润肺、生津等功效，颇受老年人喜爱，但对老年人来说，银耳不太好消化，如果一次食用过多或连续多餐食用，则会引起肠梗阻。

鱼籽 鱼籽是一种营养丰富的食品，其中含有大量的蛋白质、钙、磷、铁、维生素和核黄素，是人类大脑和骨髓的良好补充剂、滋长剂，但老年人应尽可能少吃，因为鱼籽富含胆固醇，老人多吃无益。鱼籽虽然很小，但吃下去却很难消化，也很难烧熟煮透，容易造成拉肚子。因此，老年人不宜过量食用鱼籽。

葵花籽 葵花籽虽营养丰富，但并不适合老年人。首先，葵花籽含油脂高，且这些油脂大多属于不饱和脂肪酸，进食过多不但会消耗体内的胆碱，使体内脂肪代谢失调，脂肪沉积于肝脏，影响肝细胞的正常功能，造成肝功能障碍，还容易引起结缔组织增生，甚至诱发肝组织坏死或肝硬化。其次，有些葵花籽在炒制时用的香料，如桂皮、大茴、花椒等对胃都有一定的刺激作用。

豆腐 豆腐的营养价值很高，但老年人也不宜多吃。豆腐中含有极为丰富的蛋白质，同时也含有植酸和胀气因子，若一次食用过多不仅会阻碍人体对铁的吸收，还容易引起蛋白质消化不良，出现腹胀、腹泻等不适症状。由于大豆中含有一种叫皂角苷的物质，它会促进人体内碘的排泄，多食豆腐易造成人体内缺乏碘。

⊙ 六种错误吃法有损宝宝健康

宝宝脾胃较弱，一旦喂养方式不当，就容易出现消化问题，甚至还会影响宝宝生长发育，在喂养过程中一定要谨防以下六个错误。

错误1：奶没下来，让宝宝先吃奶粉

纠正：产后宜母婴同室，多让宝宝吸吮乳头，这不仅可增进感情，也会因宝宝的吸吮而促进乳汁分泌。宝宝出生半小时即可进行哺乳，每次可持续半小时。

错误2：刚分泌出来的乳汁有点脏，应该挤出去

纠正：初乳是产妇分娩后一周内分泌的乳汁，颜色淡黄，且黏稠（其实不是脏），量很少，非常珍贵。初乳营养丰富，能增强宝宝的抗病能力，促进婴儿健康成长。初乳还能帮助宝宝排出体内的胎粪、清洁肠道。因此，即使母乳少或者不准备喂奶的母亲也一定要把初乳喂给宝宝。

错误3：为了宝宝能吃饱，把奶调得浓一些

纠正：食物在肠道吸收，如果食物的渗透压（奶的浓度）过高，会引起呕吐、腹胀、腹泻、脱水等。同时大部分代谢废物要经过肾脏排出体外，而婴儿肾脏的发育和功能尚不成熟，奶调得太浓，会加重肾脏负担。

错误4：喂完奶马上把宝宝放在床上，抱着他太累了

纠正：给宝宝喂完奶后不要马上放在床上，而要把宝宝竖直抱起让宝宝的头靠在母亲肩上，也可以让宝宝坐在母亲腿上，一只手托住宝宝枕部和颈背部，另一只手弯曲，在宝宝背部轻拍，使吞入胃里的空气吐出，防止溢奶。

错误5：一侧的奶水吃完，宝宝就饱了，另一侧的奶水存着宝宝下次吃

纠正：喂奶时应让宝宝吃尽一侧的奶水再吃另一侧的。若宝宝仅吃一侧的奶水就已经饱了，这时应将另一侧的奶水挤出。这样做的目的是预防胀奶。胀奶不仅会使母亲感到疼痛不适，还有可能导致乳腺炎，而且会反射性地引起泌乳减少。

错误6：宝宝是纯母乳喂养，不能给宝宝喝水

纠正：虽然有些专家的观点认为4～6个月内的宝宝只需母乳，不必加喂水，但要根据具体情况做出决定。例如，北方的冬天天气干燥，如果室内温度过高，新生儿就容易缺水。这时，让宝宝适当喝一些白开水，有利于宝宝健康。

⊙ 不宜给宝宝吃的食物

6个月内不要盐 6个月内的婴儿从母乳或牛奶中吸收的盐分就足够成长所需了。高盐饮食会加重宝宝的心脏、肾脏负担。宝宝的肾脏发育还不健全，不足以渗透过多的盐。如果辅食中加盐过多，就会增加心脏负担。另外，6个月内的婴儿体内摄入过多的盐，会导致婴儿缺锌。

不宜给婴儿吃过量的蛋 鸡蛋、鸭蛋均含有丰富的蛋白质、钙、磷、铁和多种维生素，对婴儿的成长有一定的益处，但食之过多，会使宝宝腹胀以及消化不良。

一岁之内不要喝蜂蜜 一周岁内宝宝的肠道正常菌群尚未完全建立，摄入蜂蜜后易引起感染，出现恶心、呕吐、腹泻等症状。宝宝满周岁，肠道正常菌群建立后，可尝试饮用少量蜂蜜水。

2岁之内不宜喂鲜牛奶 2岁以内婴儿不宜喂鲜牛奶和成人奶粉，如不能喂母乳，应食用以母乳为依据、专为婴儿设计的配方奶粉。

3岁以下不宜吃巧克力 巧克力的营养成分比例不符合儿童生长发育的需要，特别是对3岁以下的幼儿并不适合。巧克力的蛋白质含量偏低，脂肪含量偏高，故不宜吃巧克力。

3岁之内不宜饮茶 3岁以内的幼儿不宜饮茶。茶叶中含有大量鞣酸，会干扰人体对食物中蛋白质、矿物质及钙、锌、铁的吸收，导致婴幼儿缺乏蛋白质和矿物质而影响其正常的生长发育。此外，茶叶中的咖啡因是一种很强的兴奋剂，可能诱发少儿多动症。

3岁之内别吃元宵 元宵有一定的黏性，1岁以下的孩子很可能将元宵黏在食道而阻塞呼吸道；1～3岁的孩子不容易嚼碎元宵馅中的花生之类稍大的食物从而导致消化不良。

少儿不宜多吃笋 由于竹笋中含有难溶性草酸，很容易和钙结合形成草酸钙，过量食用对小儿的泌尿系统和肾脏不利。特别是处于发育期的儿童，骨骼发育尚未成熟，而笋中含有的草酸会影响人体对钙、锌的吸收。儿童如果吃笋过多，会使他们缺钙、缺锌，从而生长发育缓慢。

儿童慎喝功能饮料 有的功能饮料只针对特定的人群，比如一些功能饮料中含有咖啡因等刺激中枢神经的成分，成年人饮用可以提神抗疲劳，但儿童就应该慎用。孩子也不适合饮用具有降血脂功能的饮料。

⊙ 儿童一定要少吃的零食

爆米花 爆米花含铅量很高，铅进入人体会损害神经、消化系统和造血功能。儿童解毒功能弱，常吃爆米花极易发生慢性铅中毒，出现食欲下降、腹泻、牙龈发紫等现象。

葵花籽 葵花籽中含有不饱和脂肪酸，儿童吃多了会消耗体内大量的胆碱，影响肝细胞的功能，还会因“津亏”而引起上火。

羊肉串 烤羊肉串是很多小孩子的至爱，殊不知，羊肉在熏烤过程中会产生强致癌物，对儿童的健康带来极大危害。

巧克力 儿童食用巧克力过多，会使中枢神经处于异常兴奋状态，产生焦虑不安、心跳加快等症状，影响孩子的食欲。

果冻 大多数果冻不是用水果汁加糖制成的，而是用增稠剂、香精、酸味剂、着色剂、甜味剂配制而成，这些物质对人体没有什么营养价值，吃多或常吃会影响儿童的生长发育和智力健康。

泡泡糖 泡泡糖中的增塑剂含有微毒，其代谢物苯酚也对人体有害。

⊙ 青春期应补充哪些营养

青春期为生长发育的旺盛时期，青少年对各种营养的需求量远远高于成人，因此青春期保健中的营养问题显得更为重要。

碳水化合物 青少年所需要的热量较成人多25%~50%。这是因为青少年活动量大，基本需要量多，而且生长发育又需要许多额外的营养。热量主要来自碳水化合物，亦即谷类食物，所以青少年必须保证足够的饭量。

蛋白质 生长发育期的儿童和青少年对蛋白质的需要量是每日24克。人体的蛋白质主要由食物供给，蛋类、牛奶、瘦肉、大豆、玉米等食物均含有丰富的蛋白质，混合食用，可以使各类食物蛋白质互相补充，营养得到合理利用。

维生素 在生长发育中，维生素是必不可少的。它不仅可以预防疾病，还可以提高机体免疫力。人体所需要的维生素大部分来自蔬菜和水果。

矿物质 矿物质是人体生理活动中必不可少的，尤其是青少年对矿物质的需要量极大。参与骨骼和神经细胞形成的元素有钙、磷等，如果钙摄入不足或钙磷比例不适当，必然会导致骨骼发育不全。

微量元素 微量元素虽然在体内含量极少，但在青少年的生长发育中起着极为重要的作用。特别是锌，我国规定每日膳食锌的摄入量为15毫克。海鲜中含有大量的锌，在确保不对其过敏的情况下，可以适量食用。

水 青少年活泼好动，需水量高于成年人，每日摄入2500毫升水，才能满足人体代谢的需要。如果水的摄入量不足，会影响机体代谢及体内有害物质和废物的排出。

⊙ 有助于孩子长高的食物

虽然没有针对增高的特效食物，但是有些食物确实对长身体有帮助。我们周围有很多营养丰富、有助于孩子长身体的食物。

鸡蛋、牛奶 鸡蛋是最容易购买到的高蛋白食物。蛋清中含有丰富的蛋白质，非常有利于孩子的成长。

牛奶中富含制造骨骼的营养物质——钙，而且容易被处于成长期的孩子吸收。虽然喝牛奶不能保证一定会长高，但是身体缺乏钙质肯定是长不高的。一般情况下，孩子每天喝3 杯牛奶就可以摄取到成长期必需的钙质。

胡萝卜、青蒜、南瓜 它们富含维生素A，能帮助蛋白质的合成，有利于孩子长身体。孩子一般不喜欢吃整块的胡萝卜，所以可以做成不同菜肴。比如榨汁喝，如果不喜欢胡萝卜汁，可以跟苹果一起榨汁中和胡萝卜的味道。此外做鸡肉、猪肉、牛肉时可以把胡萝卜切成细丝一起炒，这样不仅可以调味儿，营养也更丰富。

黑大豆 大豆是公认的高蛋白食物，其中黑大豆的蛋白质含量更高，是有利于成长的好食品。做米饭时加进黑大豆，或者磨成豆浆喝都可以。

菠菜、青椒、莴苣 富含铁和钙。很多孩子都不喜欢吃菠菜，所以不要做成凉拌菜，可以切成细丝炒饭，或者加在紫菜包饭里面。

沙丁鱼、青花鱼、秋刀鱼 富含蛋白质和钙。沙丁鱼中的钙比其他海藻类中含有的植物性钙更容易消化吸收，对孩子成长很有帮助。此外凤尾鱼、银鱼、胡瓜鱼等连骨头带肉一起吃的海鲜类都是很好的有助于孩子成长的食物。

橘子、猕猴桃、菠萝、草莓、葡萄 富含维生素C，有助于钙的吸收。多吃这些水果也可以很好地摄取维生素。

⊙ 能让人精力充沛的食物

食物是人体能量的来源，补充高能量的食物，能使人体这台发动机高效率运转。下面介绍的是营养学家特别推荐的能让人精力充沛的食物。

动物血 人们食用的动物血有鸡血、鸭血、鹅血、猪血等，以猪血为佳。将血做成汤喝，能清除体内污染物质。故老师、矿工等接触粉尘较多的人最好定期进食猪血。另外，猪血还富含铁，对贫血引起的面色苍白萎黄有改善作用。

菠菜 菠菜中含有女性较易缺乏的矿物质——镁。如果每日摄入的镁少于280毫克，女性就会感到疲乏。镁在人体中的作用是将肌肉中的碳水化合物转化为可利用的能量。专家建议多食用菠菜等富含镁的食物。

南瓜 南瓜之所以与好心情有关，是因为它富含维生素B_6和铁，这两种营养素都能帮助人体将储存的血糖转变成葡萄糖。而葡萄糖正是脑部唯一的“燃料”。

豆类 人体内缺少铁质，就会出现贫血症状，浑身无力。常吃些赤豆、黑豆、黄豆及其制品，也可起到补充铁质的作用，能改善倦怠疲惫的状况。

大蒜 食用大蒜后，口腔会产生不好的气味，但心情会变好。大蒜的肌酸酐是参与肌肉活动的主要部分，大蒜中蒜素与维生素B_1共同产生的蒜硫胺素，能消除疲劳，增强体力。

香蕉 香蕉中含有一种称为生物碱的物质，生物碱可以起到振奋人精神和提高信心的作用，而且香蕉是色胺素和维生素B_6的重要来源，这些可以帮助大脑制造血清素。

葡萄柚 葡萄柚有强烈的香味，可以净化繁杂思绪，起到提神作用。此外，葡萄柚含有丰富的维生素C，可以维持红细胞的浓度，使人体有抵抗力。最重要的是在制造多巴胺、肾上腺素时，维生素C是重要成分之一。

生姜 生姜中含有姜辣素和挥发油，能够使人体内血液得到稀释，流动更加畅通，从而向大脑提供更多的营养物质和氧气，有助于激发人的想象力和创造力。

麦片 如果早餐中的纤维含量高，人就不会有饥肠辘辘的感觉。麦片富含纤维，能量释放缓慢而均衡，可使人体血糖持续。人不仅不会很快感觉到饥饿且精神会很饱满。

全麦面包 碳水化合物可以增加血清素，吃复合型的碳水化合物，如全麦面包、苏打饼干，可以振奋人的精神，虽然效果慢一点，但更合乎健康原则。近年来，科学家发现硒能振奋人的精神，而全谷类富含硒。

⊙ 有助于提高记忆力的食物

以下这些食品对大脑十分有益，脑力劳动者、在校学生不妨经常选食。

橘子 橘子含有大量维生素A、维生素B_1和维生素C，属典型的碱性食物，可以消除大量酸性食物对神经系统造成的危害。考试期间适量吃些橘子，能使人精力充沛。

菠萝 菠萝含有很多维生素C和微量元素锰，而且热量少，常吃有生津、提神的作用，有人称它是能够提高人记忆力的水果。

大蒜 大脑活动的能量来源主要依靠葡萄糖，要想使葡萄糖发挥应有的作用，就需要有足量的维生素B_1。大蒜本身并不含大量的维生素B_1，但它能增强维生素B_1的作用，因为大蒜可以和维生素B_1产生一种叫“蒜胺”的物质，而蒜胺的作用要远比维生素B_1强得多。因此，适当吃些大蒜，可促进葡萄糖转变为大脑能量。

辣椒 辣椒维生素C含量居各蔬菜之首，胡萝卜素和维生素含量也很丰富。辣椒所含的辣椒碱能刺激味觉、增加食欲、促进大脑血液循环。近年有人发现，辣椒的“辣”味还可刺激人体内追求事业成功的激素，使人精力充沛，思维活跃。

菠菜 菠菜中含有丰富的维生素A、维生素C、维生素B_1和维生素B_2，是脑细胞代谢的“最佳供给者”之一。此外，它还含有大量叶绿素，也具有健脑益智作用。

牛奶 牛奶富含蛋白质、钙及大脑所必需的氨基酸。牛奶中的钙最易被人吸收，是脑代谢不可缺少的重要物质。此外，它还含有对神经细胞十分有益的维生素B_1等元素。当用脑过度而失眠时，喝一杯热牛奶有助入睡。

鸡蛋 鸡蛋中所含的蛋白质是天然食物中最优良的蛋白质之一，它富含人体中所需的氨基酸，而蛋黄中除富含卵磷脂外，还含有丰富的钙、磷、铁以及维生素A、维生素D、B等，适于脑力工作者食用。国外研究证实，每天吃1～2个鸡蛋就可以向机体供给足够的胆碱，对保护大脑、提高记忆力大有好处。

黄花菜 人们常说，黄花菜是“忘忧草”，能“安神解郁”。需要注意的是，黄花菜不宜生吃或单炒，以免中毒，以干品和煮熟吃为好。

豆类及其制品 豆制品中含有优质蛋白和8种人体必需的氨基酸，这些物质都有助于增强脑血管的机能。另外，豆制品中还含有卵磷脂、丰富的维生素及其他矿物质，非常适合于脑力工作者。卵磷脂有增强脑部活力、延缓脑细胞老化的作用。

核桃和芝麻 这两种物质中，不饱和脂肪酸含量很高。因此，常吃它们，可为大脑提供充足的亚油酸、亚麻酸等分子较小的不饱和脂肪酸，以提高脑的功能。另外，核桃中含有大量的维生素，对于治疗神经衰弱、失眠症，松弛脑神经的紧张状态，消除大脑疲劳效果很好。

小米 小米中所含的维生素B_1和维生素B_2分别高于大米1.5倍和1倍，其蛋白质中含较多的色氨酸和蛋氨酸。临床观察发现，吃小米有防止衰老的作用。如果平时常吃点小米粥、小米饭，将有益于脑的保健。

玉米 玉米胚中富含亚油酸等多种不饱和脂肪酸，有保护脑血管和降血脂作用。尤其是玉米中含水量谷氨酸较高，能促进脑细胞代谢，具有健脑作用。

花生 花生富含卵磷脂和脑磷脂，它是神经系统所需要的重要物质，能延缓脑功能衰退，抑制血小板凝集，防止脑血栓形成。实验证实，常食花生可改善血液循环、增强记忆力、延缓衰老，是名副其实的“长生果”。

鱼类 鱼肉可以向大脑提供优质蛋白质和钙，淡水鱼所含的不饱和脂肪酸，能保护脑血管，对大脑细胞活动有促进作用。

⊙ 各种血型的最佳饮食习惯与搭配

A型血——素食主义，适当运动 一些研究结果显示，A型血人的胃酸分泌较少，这使得他们消化肉类的能力就相对较差，如果大量进食肉类而又消化不良，就容易使脂肪在体内大量堆积，造成肥胖，因此A型血的人要想瘦下来，一定要慎食牛肉、羊肉等肉类，最好以鱼肉和鸡肉取而代之。对于这类血型的人来说，食物应以蔬菜为主，适当加一些豆制品以及肉类。

此外，建议A型血的人用餐半小时后适当做些运动。

推荐食品：橄榄油、红薯、菠菜等。

B型血——心情愉悦，少吃多餐 B型血的人基本上身体强壮，拥有较强的免疫系统，易取得平衡，对心脏病及癌症等众多现代疾病具有极强的抵抗能力。他们能消化各种美味食物，无论是动物类还是植物类，几乎什么东西都能吃。但也有一些美味是他们碰不了的，如番茄、玉米、鸡肉和大部分坚果及其种子，这类食物中的血凝素可能阻碍B型血的新陈代谢。

大多B型血者爱暴食暴饮，以至于饮食过剩，导致脂肪堆积，所以要改变不好的饮食习惯，做到少吃多餐，食物要量少质精，以减轻肝脏等消化器官的负担，“进食只需八分饱，虽遇美食不贪吃”可谓他们的警句良训。

推荐食品：脂肪少的瘦肉、鳕鱼等油量较多的鱼及大量的蔬菜和水果。

AB型血——均衡饮食，简单烹饪 AB型血的人对于饮食生活及环境的变化能够随机应变，既适应动物蛋白质又适应植物蛋白，但这类人的消化系统较为敏感，容易发胖。基本上A型血和B型血的人不宜食用的食品，AB型血的人一般也不宜食用。但是需要注意的是，A型血的人要避免的动物性蛋白质，并不会对AB型血的人身体有不好的影响，吃羊排反而非常适合他们；但非常适合B 型血的人的乳制品，对AB型血的人可没那么多的好处，吃多了会增加身体脂肪的囤积。

AB型血的人免疫系统不佳，要多摄取维生素C含量高的食物(如柠檬、柚子等)，维生素C可帮助身体代谢机能提升，分解体内脂肪。AB型血可以选择的烹调方式很多，蒸、煮、烧、炖、卤等都是烹调良方，但对油炸、油煎等食物须敬而远之。

推荐食品：蔬菜、新鲜的鱼肉和蛋类食物。

O型血——适当吃肉 少吃谷物 O型血人消化器官的工作能力很强，这类血型的人饮食中最不可缺少的是动物性蛋白质，也就是肉类及鱼类等。但所吃的不应该是肥肉，最好是瘦肉。

与消化动物蛋白和蔬菜的能力相比，O型血的人不易消化乳制品、豆类、面点和谷物食品，这是导致他们脂肪堆积的原因。因此，O型血的人应尽量减少主食，平时应少喝乳制品，但每天要服用适量的钙片以补充体内不足的钙量。平时还应注意均衡摄取蔬菜、水果等食物，以保持体内酸碱平衡。

推荐食品：鱼类、贝类、卷心菜等。

⊙ 八种不同职业的健康饮食

在生产过程或劳动环境中，可能产生多种职业病，对人体的健康造成威胁。但是，职工在做好劳动保护的同时，如能科学合理地安排饮食，可有效地预防、减轻职业病所致的健康危害。

1. **铅作业人员的饮食** 接触铅的人一般从事采铅、冶炼、印刷铸字、搪瓷、油漆等行业。这些人最好每天喝上2～3杯牛奶，并且多吃一些富含蛋白质的食物，如鱼类、蛋类、豆类及其制品，以及富含维生素的水果、蔬菜。

2. **苯作业人员的饮食** 香料制造、药物、橡胶、染料、油漆及鞋类制造等行业的工作人员经常接触苯。这些人应多食用高蛋白、高糖、低脂肪及富含维生素的食物，如鸡、鱼、乳类、动物肝脏、兔肉、糖类、豆制品、番茄、橘子等。

3. **汞作业人员的饮食** 从事矿业中的汞矿开采以及接触油量计、气压表、荧光灯、整流器、温度计、石英灯等产品的生产人员，因为经常接触汞物质，应多吃一些富含维生素B、维生素C的食物，如胡萝卜、动物肝脏、瘦肉、蛋类等。

4. **锰作业人员的饮食** 从事陶瓷、电焊条、干电池等作业的有关人员经常接触锰，应该多吃些含铁元素丰富的食品，如瘦肉、动物肝脏、红薯、芹菜及豆类制品等。

5. **磷作业人员的饮食** 磷作业的人员应该多吃含有维生素C的瓜果、蔬菜，以及含有足够的蛋白质、碳水化合物和较多钙质的食品。

6. **高温作业人员的饮食** 在高温环境下劳动的人员，由于机体大量出汗，体内钠、钾、维生素C大量丧失，应多吃一些含钾较丰富的食品，如黄豆、青豆、绿豆、马铃薯、菠菜、柿饼、香蕉等。并且还应多吃一些富含维生素C的绿叶蔬菜、枣和柑橘类水果。

7. **放射作业人员的饮食** 接触放射线的工作人员应该多吃些蛋类、豆类及其制品、奶类等含蛋白质高的食物。

8. **其他作业人员的饮食** 粉尘作业人员宜常吃些猪血；接触砷等有毒物质者，可在平时的膳食中多添加些砂糖；在振动、噪声环境中工作的人员，体内的维生素B消耗量很大，应多食富含维生素B的食物，以减缓听觉器官的损伤。

⊙ 电脑族饮食须知

电脑辐射会引起自律神经失调、忧郁症。另外，电脑荧光屏不断变幻和上下翻滚的各种字符会刺激眼睛，电脑操作者常常会感到眼睛疲劳。如在缺水、营养不足、维生素缺乏的状况下工作，身体的抵抗力下降，容易患病。

为了防止电脑操作者的上述职业病，应注意合理膳食。

早餐：应吃好，补充足够的营养，以保证旺盛的精力，并有足够的热量。

中餐：应多吃含蛋白质高的食物，如瘦猪肉、牛肉、羊肉、鸡鸭、动物内脏、各种鱼、豆类及豆制品。

晚餐： 宜清淡，多吃含维生素高的食物，如各种新鲜蔬菜，饭后吃点新鲜水果。

健脑食物： 选用含卵磷脂高的食物以利健脑，如蛋黄、鱼、虾、核桃、花生等。

护眼食物： IT一族要多食用有益于保护眼睛的食物，健眼的食物有各种动物的肝脏、牛奶、羊奶、奶油、小米、核桃、胡萝卜、菠菜、大白菜、番茄、空心菜、枸杞子及各种新鲜水果。

此外，电脑操作者在工作1～2个小时后，应活动一下全身，做眼保健操。只要注意膳食合理和劳逸结合，就能增强身体的抵抗力，防止有关疾病发生。

⊙ 不吃主食危害健康

不吃主食对健康危害很大。人体每天需要的能量由三大营养素碳水化合物、脂肪、蛋白质提供。其中，碳水化合物提供的能量占55%～60%，而主食是人体获取碳水化合物的主要来源。

减肥族：主食不可断 很多减肥的朋友舍弃主食，每天只吃些蔬菜水果，肉蛋也很少吃。短时间内的确达到了减轻体重的效果，但随之而来可能就是头晕、恶心、精神恍惚，更糟糕的是，这样的饮食方式容易造成皮肤暗淡、面色蜡黄等问题，无益于人们对“美”的追求。

一些人为追求身材苗条，认为只要不吃主食就可以减肥，对主食减了又减，造成营养不均衡，使机体各系统出现功能障碍和紊乱。其实，主食的摄入可以使人产生饱腹感，在一定程度上还会起到节制饮食的作用。有关数据表明，人体摄取碳水化合物不足，会造成人体出现多种疾病，严重时甚至会损伤脑健康。

保健品族：主食不可替 一些年轻的女士经常以维生素丸等保健品替代主食。她们以为，吃了保健品，既能提供“均衡营养”，又能保持好身材，省时省力。还有一部分老年人把补品当成主食。其实，保健品只是辅助性补充人体所缺的部分营养成分，不可过分依赖和迷信。“人是铁，饭是钢”，好好吃饭，膳食多样、合理搭配才是健康的饮食，过度摄入保健品会对人体不利。

上班族：主食不可丢 许多人为了赶时间上班，常不吃早餐，而将早餐与午饭“合二为一”。时间久了，常感疲劳、乏力，偶尔还有胃痛、腹痛等不适的感觉。

早餐所供给的热量要占全天热量的30%，而这些热量大部分是由主食提供的，故早餐一定要吃主食。不吃早餐会引起全天能量和营养摄入不足。

主食摄入过低，人体的热量就会供应不足，人体会动用蛋白质及脂肪来解决这一问题，而组织蛋白质分解消耗，会影响脏器功能。大量脂肪酸氧化，还会产生酮体。如酮体过剩，会出现酮症甚至酮症酸中毒，危害健康。

准妈妈：主食不可缺 为了让胎儿健康发育，部分妈妈们从怀孕后就隔三岔五地吃龙虾、蛋白粉，为了“省出肚子”吃补品，主食常常少吃或是不吃，这是不可取的。

如果准妈妈们摄入的蛋白质过多，不但容易患妊娠性糖尿病、妊娠性高血压，而且还有生出“肥大儿”的危险，同时给分娩造成困难。主食不仅可补充碳水化合物，还可以提供B族维生素，并且易产生饱腹感，抑制其他食物的过量摄入，避免孕妇体重增长过度，并在一定程度上避免妊娠性糖尿病、妊娠性高血压等疾病的产生。

应酬族：主食不可省 人们在平时请客或在节假日改善伙食时，常常只吃些酒菜，而不吃主食，这是一种不良的饮食习惯。

就菜饮酒而不吃主食对肝脏和心血管损害很大。碳水化合物有加强肝脏解毒能力的功能，摄入适量主食可以保护肝脏。喝酒时不吃或过少吃主食，易引起痛风。

据美国营养学家研究发现，膳食中谷类食品的摄入量和现代富贵病的发病率成反比。可见，主食摄入的多少与我们的健康是密切相关的。

那么主食应该怎么吃？专家提出的原则是“食物多样，谷类为主”。具体说，一个成年人每日粮食的摄入量以400克左右为宜，最少不能低于300克。还应当经常变换主食的品种，每周应吃两三次杂粮和薯类食物，如小米、玉米、燕麦、红薯等，这些粗粮在营养价值上高于精米和白面。

⊙ 不宜空腹吃的八种食物

1. **牛奶、豆浆** 这两种食物中含有大量的蛋白质，若空腹饮用，蛋白质将“被迫”转化为热能消耗掉，起不到营养滋补的作用。正确的饮用方法是与点心、面饼等含面粉的食品同食，或餐后两小时再喝，或睡前喝。

2. **酸奶** 空腹饮用酸奶，会使酸奶的保健作用减弱，而饭后两小时饮用，或睡前喝，既有滋补保健、促进消化作用，又有助于排气通便。

3. **白酒** 空腹饮酒会刺激胃黏膜，久之易引起胃炎、胃溃疡等疾病。另外，人空腹时，体内血糖低，此时饮酒，人体会很快出现低血糖的现象，脑组织会因缺乏葡萄糖的供应而发生功能性障碍，出现头晕、心悸、出冷汗及饥饿感等症状，严重者会发生低血糖昏迷。

4. **茶** 空腹饮茶会稀释胃液，降低消化功能，还会引起“茶醉”，表现为心慌、头晕、头痛、乏力、站立不稳等。

5. **糖** 糖是一种极易消化吸收的食品，空腹吃大量的糖会使人体短时间内不能分泌足够的胰岛素来维持血糖的正常值，使血液中的血糖量骤然升高，从而导致眼疾。而且糖属酸性食品，空腹吃会破坏机体内的酸碱平衡和各种微生物的平衡，对健康不利。

6. **柿子、番茄** 柿子、番茄中有较多的果胶、单宁酸，它们与胃

酸发生化学反应生成难以溶解的凝胶块，易形成胃结石。

7. **香蕉** 香蕉中含有较多的镁元素，空腹吃会使人体中的镁含量骤然升高而破坏人体血液中的镁钙平衡，对心血管产生抑制作用，不利于身体健康。

8. **山楂、橘子** 山楂、橘子中含有大量的山楂酸、枸橼酸等，空腹食用，会使胃酸猛增，对胃黏膜造成不良刺激，出现胃胀、吐酸水等症状。

⊙ 不宜多吃的九大伤肠胃食物

1. **大蒜、韭菜** 含有多种营养元素，它们对人们的健康大有裨益，比如保护心脏，但是它们也会导致肠胃不适，比如胀气、腹部绞痛等。

对策：营养学专家建议，吃大蒜、韭菜类食物时可以采用生熟混合的烹饪方法，这样可以使人不仅能收获健康，而且不用遭受负面的影响。

2. **辛辣食物** 辣椒能刺激食道的内壁，吃太多会引起心痛，并且增加胃的负担。

对策：对于肠胃不好或是身体燥热的人来说，如果实在拒绝不了辛辣食物的诱惑，不妨选择一些微辣的食品少量食用。

3. **油炸食品** 像炸鸡块、炸薯条之类的油炸食物富含油脂和高脂肪，而这两种物质堆积在胃里就会造成疾病。油脂在高温下会产生一种叫“丙烯酸”的物质，这种物质很难消化。对于患有胃肠炎的人更要注意少吃多油、多脂的油炸食品，否则会引起反胃、腹泻等症状。

对策：其实要满足口腹之欲，不妨变油炸为烘焙等烹调方式，或选择吃低脂或无脂食品，比如脆饼干、爆米花等。

4. **巧克力** 食用巧克力会带来多余的热量。遭受胃食管反流病折磨的人，都经历过食用巧克力后带来的难受刺激。这是因为巧克力会引起下食道括约肌的放松，使得胃酸回流，刺激食道及咽部。

对策：在巧克力品种的选择上，最好选择黑巧克力。黑巧克力含有钙、磷、镁、铁、铜等多种对人体有益的矿物质，在所有巧克力中，它是含糖量和脂肪量最低的。此外，黑巧克力还有降压、预防动脉粥样硬化的作用。

5. **添有奶油和奶酪的土豆泥** 土豆是低热量、高蛋白、含有多种维生素和微量元素的食品，被称为理想的减肥食品。似乎没有东西比一碗土豆泥更受人们欢迎的了。但加有奶油或奶酪的土豆泥就没有想象中那么好了。土豆泥里加的牛奶、奶油或乳酪，会对胃造成刺激，并使土豆变成增肥食品。

对策：最好不要购买外卖的土豆泥，自己在家完全可以用新鲜的土豆，蒸或煮出不添加任何作料的纯味土豆泥。

6. **柑橘汁** 酸性果汁刺激食道，若空腹饮用会加重刺激肠胃，从而引发腹泻等症状。

对策：柑橘汁含有大量的维生素C，适宜经常饮用，只要选对饮用的时间就不用担心刺激食道的问题。饮用柑橘汁之类酸果汁的最佳时间是随餐，或者在两餐之间。

7. **冰激凌** 像冰激凌、冰棍、冰冷饮料等生冷食物如果吃得过多，就会影响肠胃功能的正常运转，造成食物消化不良，食欲下降，腹胀、腹痛等症状。

对策：不想放弃凉爽的冰冻食品的唯一折中办法就是改吃无乳糖的冰冻食物，比如使用豆类、米粉煮成的糊糊。但是生冷的食物最好少吃或者不吃。

8. **豆类** 豆类容易引起消化不良。豆类所含的低聚糖被肠道细菌发酵后，能分解产生一些气体，进而引起打嗝、肠鸣、腹胀、腹痛等症状。

严重消化性溃疡病人不可食用豆制品，因为豆制品中嘌呤含量高，有促进胃液分泌的作用。急性胃炎和慢性浅表性胃炎患者也不要食用豆制品，以免刺激胃酸分泌和引起胃肠胀气。

对策：以汤的形式烹饪豆类。通过补充水分，有助于消化豆里面含有的大量纤维。另外，就是要逐渐把豆类食品增加到饮食中，这样身体会慢慢增加消化豆类所用的酶，避免出现副作用。

9. **西兰花和卷心菜** 西兰花和卷心菜都是“十字花科”蔬菜中的佼佼者，不但富含大量维生素和膳食纤维，还有防癌、抗衰老的功效。

但是这些蔬菜也不是完全无害的，高纤维的蔬菜能帮助撑大胃容量，容易导致肠胃内多余的气体累积。

对策：方法很简单，只要在吃之前，将它们在沸水中多焯几下，使其完全变软，这样就可以使产生气体的硫黄混合物失去作用。

⊙ 会让人“变笨”的十二种食物

1. **泡泡糖** 泡泡糖中的天然橡胶虽无毒，但制作泡泡糖所用的一级白片胶加入了具有一定毒性的硫化促进剂、防老剂等添加剂，多吃会对身体不利。

2. **加糖鲜榨橙汁** 加了糖的橙汁比汽水的热量还要高，糖分也比汽水多。多喝容易引起肥胖症。

3. **松花蛋** 部分松花蛋含有一定量的铅，常食会引起人体铅中毒。

4. **臭豆腐** 臭豆腐在发酵过程中极易被微生物污染，它还含有大量的挥发性盐基氮和硫化氢等对人体有害的物质。

5. **味精** 每人每日摄入味精量不应超过6克，摄入过多会使血液中谷氨酸的含量升高，限制了人体对钙和镁的吸收，从而引起短期的头痛、心慌、恶心等症状，对人体的生殖系统也有不良影响。

6. **葵花籽** 葵花籽中含有不饱和脂肪酸，多吃会消耗大量的胆碱，对体内脂肪代谢造成障碍，并使大量脂肪积聚于肝脏，会严重影响肝细胞的功能。

7. **猪肝** 每公斤猪肝含胆固醇达400毫克以上，摄入过多的胆固醇会导致动脉粥样硬化，故猪肝一次不宜吃太多。

8. **腌菜** 长期吃腌菜可引起钠、水在体内滞留，从而增加患心脏病的机会。另外，腌菜含有亚硝酸胺这种致癌物质，久吃易诱发癌症。

9. **爆米花** 每公斤爆米花中含铅量达10~500毫克，对人体、特别是儿童的造血系统、神经和消化系统都有害。

10. **鱼干片** 鱼片咀嚼时间过长后可浪费唾液，咽下的大量唾液可稀释胃液，降低消化能力。

11. **油条** 虽然一些商家在制作油条的过程中，不再增加明矾，但仍然有部分商家使用明矾。明矾是含铝的无机物，一旦进入体内就很难从肾脏排出，体内铝含量过多，就会对大脑及神经细胞产生毒害，甚至引起老年性痴呆。

12. **咖啡** 咖啡中含有较多的咖啡因成分，这些成分会随血液流动，5分钟内抵达人体各个器官，使血管收缩、代谢增快，胃酸、尿量增多。

⊙ 不能隔夜吃的食物

茶 隔夜茶因存置时间过久，维生素大多已丧失，且隔夜茶中的蛋白质、糖类等会成为细菌、霉菌繁殖的养料，所以隔夜茶不能喝。

开水 开水中的亚硝酸盐含量较生水高。而且煮沸时间过长或存放时间超过24小时的开水，其亚硝酸盐的含量均明显升高，亚硝酸盐含量是刚烧开水的1.3倍。我国居民有爱喝开水的习惯，最好是现烧现喝或只喝当天的开水。

银耳 银耳汤是一种高级营养补品，但一过夜，营养成分就会减少并产生有害成分。因为银耳中含有较多的硝酸盐类，经煮熟后如放的时间比较久，在细菌的分解作用下，硝酸盐会还原成亚硝酸盐。人喝了这种汤，亚硝酸盐就自然地进入血液循环，使人体中的血红蛋白氧化成高铁血红蛋白，丧失携带氧气的能力，造成人体缺乏正常的造血功能。

叶菜 由于部分绿叶类蔬菜中含有较多的硝酸盐类，煮熟后如果放置的时间过久，叶菜中的硝酸盐便会还原成致癌的亚硝酸盐，即使加热也不能去除。

海鲜品 海鲜品隔夜后易产生蛋白质降解物，这些降解物会损伤肝、肾功能。并且海鲜品类食品的蛋白质质地细腻，分解很快，拿回家后应当在一天之内食完，不要长时间存放。

卤味糟货 春夏季节吃卤味糟货不要隔夜。散装卤味要当天吃完，不可隔夜。食品专家提醒，即使放在冰箱里的食物，也并非绝对“保险”。冰箱里易滋生霉菌、嗜冷菌等。

饮食篇

⊙ 蔬菜的六种饮食禁忌

1. **餐前吃番茄** 容易使胃酸增多，食用者会产生烧心、腹痛等不适症状。

2. **香菇过度浸泡** 香菇富含麦角甾醇，这种物质在被阳光照射后会转变为维生素D。如果用水浸泡或过度清洗，就会损失麦角甾醇等营养成分。

3. **炒豆芽菜欠火候** 未炒透的豆芽中含有胰蛋白酶抑制剂等有害物质，食用后可能会引起恶心、呕吐、腹泻、头晕等不良反应，只要豆芽炒的时间稍长些，即可消灭这些有害物质。

4. **炒苦瓜不焯** 苦瓜所含的草酸可妨碍食物中钙的吸收。因此，应先把苦瓜放在沸水中焯一下再上锅炒。

5. **胡萝卜汁与酒同饮** 将含有丰富胡萝卜素的胡萝卜汁与酒精一同摄入体内，可在肝脏中产生毒素，引起肝病。

6. **吃剩的蔬菜存放过久** 吃剩的蔬菜存放过久会产生大量亚硝酸盐，即使表面上看起来不坏，也能使人发生轻微的食物中毒，尤其是体弱和敏感者更不可食用剩菜。

⊙ 常吃八种菜预防八种癌症

饮食与肿瘤有着千丝万缕的关系，吃错了会成为引爆癌症的导火索，吃对了则能起到防癌的功效。对于常见的八种癌症，哪些食物能肩负起防御的重任呢？

乳腺癌——海带 海带不但含有丰富的维生素E和食物纤维，还含有微量元素碘。科学家认为，缺碘是乳腺癌的致病因素之一，因而常吃海带有助于预防乳腺癌。同时，红薯、番茄、菱角、荸荠、豆类食品也是预防乳腺癌的美食。

肺癌——菠菜 菠菜中含有多种抗氧化物，有助于预防自由基损伤造成的癌症。每天吃一碗菠菜可使患肺癌的概率降低一半。此外，番茄、胡萝卜、南瓜、梨和苹果也都可以预防肺癌的发生。

肠癌——茭白 茭白、芹菜类食物富含纤维，进入肠道后，可加快其中食物残渣的排空速度，缩短食物中有毒物质在肠道内滞留的时间，促进胆汁酸的排泄，对预防大肠癌极为有效。此外，经常食用大蒜，也可使患结肠癌的风险降低30%。同时，红薯、卷心菜、麦麸也是极其重要的预防肠癌的食物。

胰腺癌——菜花 多吃菜花、西兰花等十字花科食物，能够降低患胰腺癌的风险。研究指出，这与食物中含有的天然叶酸有关。

皮肤癌——芦笋 芦笋含有丰富的维生素、芦丁、核酸等成分，对淋巴瘤、膀胱癌、皮肤癌有一定疗效。

宫颈癌——黄豆 用黄豆制成的豆腐、豆浆，可以补充植物雌激素，它所含有的异黄酮、木质素有抗氧化的作用，能抑制宫颈癌的发生，减少癌细胞的分裂，同时有效阻止肿瘤转移。此外，酸梅、番茄也是很好的预防宫颈癌的食物。

胃癌——大蒜 据说常生吃大蒜的人，胃癌发病率非常低，原因

是大蒜能显著降低胃中亚硝酸盐含量，而体内含有过多的亚硝酸盐是胃癌非常重要的诱因。经常吃洋葱的人，胃癌发病率比少吃或不吃洋葱的人要低25%，也是同样道理。

肝癌——蘑菇 蘑菇有“抗癌第一菜”的美誉。菜蘑、口蘑、香菇等，由于含有多糖体类的抗癌活性物质，可以促进抗体形成，使机体对肿瘤产生免疫力，抑制肿瘤细胞生长，可以抵抗的癌症包括淋巴瘤、肠癌等多种癌症，特别是对肝癌病人很有益处。

⊙ 助眠的九种食物

1. **牛奶** 牛奶中含有色氨酸，这是一种人体必需的氨基酸。睡前喝一杯牛奶，其中的色氨酸量足以起到安眠的作用。

2. **核桃** 核桃是一种滋养强壮品，对治疗人体神经衰弱、健忘、失眠、多梦和饮食不振有益。每日早晚各吃些核桃仁有利于睡眠。

3. **红枣** 性味甘平，养胃健脾，补中益气。具有补五脏，益脾胃、养血安神的功效，对气血虚弱引起的多梦、失眠、精神恍惚有显著疗效。

4. **桂圆** 性味甘温，无毒。桂圆肉补益心脾、养血安神，可医失眠健忘、神经衰弱等。

5. **小麦** 性味甘平，有养血安神的作用。

6. **桑葚** 性味甘寒，有养血滋阴之功。

7. **莲子** 有养心安神作用。莲子性平、味甘涩，可治疗夜寐多梦、失眠，有显著的强心作用。

8. **食醋** 劳累难眠时，取食醋一汤匙，放入温开水内慢服。饮用时静心闭目，片刻即可安然入睡。

9. **糖水** 烦躁发怒而难眠时，可饮一杯糖水，有助于大脑皮层受到抑制而进入睡眠状态。

⊙ 上床前千万不能吃的五种食物

导致睡眠障碍的原因之一，就是晚餐中吃了一些“不宜”的食物。那么，哪些食物会让人夜不能寐呢?

1. **咖啡因** 很多人都知道，含咖啡因的食物会刺激神经系统，还具有一定的利尿作用，是导致失眠的常见原因。

2. **辛辣食物** 辣椒、大蒜(大蒜食品)、洋葱等会造成胃中有灼烧感和消化不良，进而影响睡眠。

3. **油腻食物** 油腻的食物吃了后会加重肠、胃、肝、胆和胰的负担，刺激神经中枢，让其一直处于工作状态，从而导致失眠。

4. **有饱腹作用的食物** 这些食物在消化(消化食品)过程中会产生较多的气体，从而产生腹胀感，妨碍正常睡眠，如豆类、大白菜、洋葱、玉米、香蕉等。

5. **酒类** 酒虽然可以让人很快入睡，但是却让睡眠状况一直停留在浅睡期，很难进入深睡期。所以，饮酒的人即使睡的时间很长，醒来后仍会有疲乏的感觉。

⊙ 有利于减肥的食物

能减肥的食物大多低糖、低热量，含有高膳食纤维，多吃了不但有瘦身效果，还可以美体护肤。

魔芋 魔芋含有丰富的膳食纤维——魔芋葡甘聚糖，具有高黏度、高膨胀的特性，它吸水膨胀后，体积增大30～100倍。其热能低，体积大，食用后易产生饱腹感。另外，其对降低胆固醇、甘油三酯、血糖等有效，是当今理想的减肥食品。

冬瓜 冬瓜不含脂肪，含钠低，具有利尿去水的功效，因冬瓜能排出体内过多的水分，故减肥疗效明显。

黄瓜 黄瓜含有一种可抑制糖类转化为脂肪的丙醇二酸物质，常食黄瓜有减肥之效。黄瓜还含有膳食纤维，对促进肠道排泄和降低胆固醇也有一定的作用。

番茄 番茄含有丰富的膳食纤维——果胶，可以降低热量的吸收，它本身含糖量低，且含有番茄红素，具有保护心血管、抗辐射、预防某些癌症的功效，是健康减肥的理想食物。

大白菜 热量低，膳食纤维多，具有促进肠蠕动，抑制热量吸收的功效，被称为“百菜之王”。

萝卜 其含有脂肪分解酶，能减少脂肪的堆积，其中还含有芥子油，膳食纤维丰富，促进肠蠕动，增强粪便排泄，减少热量的吸收，是优良的减肥食物。

金针菇 热能低，含钠低，促进水分排泄，它可控制血脂升高，降低胆固醇，是健康减肥的优选食物。

海带 海带含有大量的膳食纤维，可以增加肥胖者的饱腹感，而且海带脂肪含量非常低，热量少，是肥胖者减肥的理想食物。

豆芽 豆芽含有维生素B_1、维生素C、钙、钾、铁，热能低，水分和膳食纤维高，是减肥者经常选用的食物。

苹果 苹果含有丰富的膳食纤维——果胶，钾元素含量高，是减肥的可选食物。

猕猴桃 猕猴桃含有丰富的维生素A、维生素C、叶酸，是健康减肥的良好食物。

草莓 草莓含有丰富的膳食纤维、维生素A、维生素C，热能低，是健康减肥的理想食物。

⊙ 经常吃素的人要补充什么营养

吃素是现代人养生保健的一种方式，而且颇为流行，虽说吃素的好处很多，但是以素食为主的人还必须吃一些其他的营养物质，以保持营养平衡。

那么，制定一份以素食为主的食谱中应该包含哪些必需的营养物质呢？

蛋白质 素食中蛋白质的主要来源是各种豆类，其中以大豆食品为首选。坚果仁、米、面和蔬菜及蛋、奶中也含有丰富的蛋白质，建议素食主义者多食用，以补充蛋白质。

铁 铁是人体运送氧气所不可缺少的元素，所以重点吃些富含铁的蔬菜是至关重要的。为了帮助铁在肠道内的吸收，可以同吃富含维生素C的食物（如番茄等）。咖啡和茶由于会妨碍铁的吸收，以素食为主的人应在饭后1小时以后再饮茶。

维生素B_{12} 维生素B_{12}是细胞增生和组织修复所不可缺少的营养成分。以素食为主的人可以从蛋、奶中获得，否则应该在食谱中包括添加维生素B_{12}的食品(如强化维生素B_{12}豆浆等)或维生素补剂。

钙和维生素D 钙和维生素D是骨骼发育和维护保养不可缺少的。除了奶和其他乳制品外，豆浆、豆腐中也含有丰富的钙。同时，每天晒15分钟太阳可以帮助身体合成必要的维生素D，也可选用添加了钙和维生素D的食品(如橘汁、豆浆等)。

Ω-3脂肪酸 Ω-3脂肪酸是人体必需的脂肪酸，具有防止心脏病等疾病的作用。素食者可食用核桃、豆腐来补充Ω-3脂肪酸。

有了这样一份营养均衡的菜单，素食者便可保持身体健康。

⊙ 容易让人衰老的食物

变质食品 腐败变质的食品中常含有细菌分泌的毒素和食品腐败产物，会干扰人体的新陈代谢，影响人体组织的正常功能。例如，腐烂水果中的展青毒素会使神经麻痹，同时也是肾功能衰竭的诱发因素，促人早衰。

健康提示：将食品保藏好，避免变质。尽量吃新鲜、质好的食品，不吃霉变食品，特别是霉变的花生、玉米和甘蔗。

腌制品 在腌制蔬菜、鱼、肉、鸡等食品时，会产生亚硝酸盐，其中包括为使肉色好看、防止肉毒杆菌生长而主动加入的亚硝酸盐。亚硝酸盐易与蛋白质降解时产生的二级胺发生反应，生成亚硝胺，亚硝胺不仅可致人早衰，还是一种致癌物质。

健康提示：咸鸡、咸鱼、咸肉并不是“好食品”，偶尔少量吃一些无妨，但不应常吃，每天不要超过100克。并且勿食刚腌不久的菜。

酸败食品 油脂及含脂肪高的食品（如腌肉、火腿、饼干、鱼干等）放久后，尤其是受阳光照射或受热后很易被氧化，产生醛类、酮类等过氧化脂质类毒物，出现酸败的哈喇味。这些过氧化脂质会破坏油脂中的必需脂肪酸、脂溶性维生素，并在人体酶系统的催化下促使人衰老。

健康提示：油脂及含脂肪高的食品应吃新鲜的，不要等到有哈喇味后再吃；若有比较明显的酸败味，则应毫不犹豫地扔掉。这类食品应在低温下保存，但不能低于0℃，因为含盐和脂肪高的食品在冻结后更易酸败变质。

含酒精饮品 饮高度酒或大量低度酒，不仅会使肝脏受损、肿大，神经系统遭受损伤，还可导致男性性功能减退、精子畸形，女子月经不调、排卵不规律、性欲减退等早衰症状。

健康提示：最好不要喝高度酒，可以适量喝一点葡萄酒、黄酒和啤酒。

含铝食品 食用太多的含铝食品可破坏神经细胞内遗传物质DNA的功能，还可使神经传导阻滞，引起智力下降、记忆力减退，易患痴呆症。含铝食品使人脸色灰暗，过早衰老。

健康提示：含铝食品不会因加热而被破坏，应少吃。熟铝制的锅和壶不要烧酸性的菜和汤。生铝做的锅（炒菜锅）最好不要用于炒菜，更不能用于酸性食物的烧、炒。铝炊具也不应储存酸性食物。这里建议大家，如有条件应将家中的铝锅换成不锈钢锅或铁锅。

油炸、烟熏、烧烤食品 制作这类食品需经高温处理，营养素损失很多，特别是维生素被大量破坏。经常食用缺少维生素的食物，会影响人体的正常代谢，加快衰老过程。

在高温环境中，尤其在烧焦、烤焦时，蛋白质、脂肪会转变成致癌的苯并芘等化合物，淀粉烧焦会产生致癌的丙烯酰胺。在制作烟熏食品时，食品会与烟直接接触，使致癌物质吸附在食品上，并随存放时间的延长而深入食品内部。若经常食用含致癌物质的食物，会致人早衰甚至患癌。

健康提示：对于这类食品，不要常吃或一次吃得太多；在吃油炸、烟熏、烧烤食品的同时，应多吃蔬菜或水果。还有，高温油炸、烧烤中产生的致癌物苯并芘等，在人体唾液酶的作用下有部分能被分解，食物与唾液接触的时间越长，解毒效果也越好。因此，应该慢慢地、“文绉绉”地吃这类食品，千万不要“狼吞虎咽”。

⊙ 街边十大有毒小吃

1. **麻辣烫** 麻辣烫虽然味道鲜美，却对人身体健康有很大的危害。麻辣烫的口味以辛辣为主，虽然能很好地刺激食欲，但同时由于过热过辣和油腻，对肠胃刺激很大，并且街边麻辣烫常常是满满的一锅，没有烧开、烫熟，病菌和寄生虫卵就不会被彻底杀死，食用后容易引起消化道疾病。

2. **毛鸡蛋** 毛鸡蛋大多是用于孵化小鸡的鸡蛋，因为温度、湿度不当或感染病菌而发育停止、死于蛋壳内的鸡胚蛋。这种鸡胚蛋中的营养成分已发生变化，而且经测定，几乎都含有大肠杆菌、葡萄球菌、伤寒杆菌等病菌，食用后极容易引起中毒，引发痢疾、伤寒、肝炎等疾病。另外，毛鸡蛋里面激素含量特别高，这种激素对青少年生长发育会有一定的负面影响，年轻人最好少吃或不吃。

3. **烤羊肉串** 很多烧烤的原料，如羊肉串、鱿鱼都存在严重的卫生问题，常常是羊腩和羊内脏，连同其他边角废料一起加工制作成假羊肉串。很多烧烤摊点将用过的竹签回收再利用，这也容易导致疾病的传播。在烤食过程中，如果食品烤得太嫩，外熟内生，吃后可能得寄生虫病。如果将食品放在明火上直接烧烤，木炭燃烧不完全，所产生的致癌物质都会留在烧烤食品上，吃多了危害无穷。在对肉的处理上，羊肉串没有完全化冻，就直接烧烤，上面的微生物并没有被杀死，带着细菌吃进去很容易引起肠道问题。

4. **臭豆腐** 街头的臭豆腐摊点，基本上都是没有卫生许可证，存在较大的卫生安全隐患。而这些街头臭豆腐大多都是用工业原料硫酸亚铁制作出来的，吃多了对身体有害。有的黑心豆腐加工点甚至使用劣质添加剂和国家禁止使用的防腐剂、着色剂等。另外，臭豆腐的发酵工序是在自然条件下进行的，易被微生物污染。臭豆腐中含有大量挥发性盐基氮和硫化氢，这两种物质都是蛋白质分解后的腐败物质，对人体有害。另外，臭豆腐发酵前期制作时使用的毛霉菌种，发酵后易受其他细菌污染。因此，应避免食用有百害而无一益的臭豆腐。

5. **油条油饼** 街边的油条有八成铝含量超标，而过度摄入铝可能致痴呆症。有的油条在制作过程中使用膨松剂——碳酸氢铵，过量使用这种添加剂对身体有害。

6. **煎饼** 很多上班等车的人由于没有时间在家或单位吃早饭，为了省时省事，都在车站旁买煎饼。但是有的不法小贩使用地沟油和过量的柠檬黄色素。地沟油提炼后会有杂质，里面会沾染黄曲霉素、苯等有毒物质，长期食用会造成肿瘤等慢性疾病的发生。因此，不要去街边没有卫生执照的煎饼摊购买。

7. **烤红薯** 烤红薯的桶经过烟熏火烤后，烤桶的周身已变得乌黑，桶壁上原有的字样根本无法辨认。其实，这些“身份不明”的桶大部分来自垃圾回收站，小贩们经过简易的冲洗改装就用来烤红薯了。桶内的残留物在烤制的过程中会进入红薯，即使剥了皮吃，也不能完全避免其危害。还有一些小贩会把受了黑斑病菌污染的红薯放入烤桶一起烤，而在烤熟的红薯上，原先较明显的黑斑已很难分辨。食用后会出现呕吐、腹泻等急性中毒症状，长期食用还会导致肝损害。

8. **海鲜排档** 有人认为，没有经过加热或是高温烹饪的海鲜，含有的营养元素不会流失，天然的就是最好的，只要蘸上芥末就可以生吃了。其实不然。营养与食品安全方面的专家提醒，海鲜最好不要生吃。各种鲜活的海鲜体内潜藏着多种致病细菌和寄生虫，如未经高温消毒，吃了就容易传染疾病。另外，海鲜中的蛋白质等营养物质如果没有经过烹饪，人吃了后不容易消化，也不利于人体吸收。因此，食用海鲜等食物一定要保证其新鲜和无污染，最好能烧熟煮透，千万不要因为贪图美味而损害身体。

9. **炸鸡翅** 由于炸鸡翅出锅后的成品难以辨别，有些街边小摊会卖发臭的鸡翅。另外，虽然油炸食品味道鲜美，但它在胃里停留时间长，不易消化吸收。另外，油炸食品在制作过程中，常添加明矾或明矾钾做膨松剂，这两种制剂均有铝的成分。铝是两性元素，就是说铝与酸或碱都能起反应，反应后生成的化合物，容易被肠道吸收，并可进入大脑，影响小儿智力发育。油炸食品还含有多种致癌物质。其中对人体危害较大的一种叫“丙烯酰胺”。它对眼睛和皮肤有一定的刺激作用，可经皮肤、呼吸道和消化道吸收，并有部分在体内蓄积，影响神经系统。

10. **包子** 某些商贩在包子馅上大做文章，做出来的肉包子存在以下四大隐患：

① 使用“血脖肉”做包子馅。“血脖肉”指连接猪的头部和身体部位的肉，含有淋巴结、脂肪瘤、甲状腺等。这种肉便宜，质量较差，积存了大量病菌和病毒，短时间加热不易将其杀灭，食用后很容易感染疾病。

② 肉馅里夹杂不新鲜的蔬菜。

③ 多用猪油，让包子馅闻起来更香。

④ 一旦做馅的原料有点变质，只要不是太严重，便会多加调料和盐，用以掩盖不新鲜原料的少许杂味。

居家篇

⊙ 什么是“绿色装修”

所谓“绿色装修”，是指在对房屋进行装修时采用环保型的材料进行房屋装饰。使用有助于环境保护的材料，把对环境造成的危害降到最低。比如，在木材上选用再生林而非天然林木材，使用可回收利用的材料等。

事实上，真正的“绿色装修”是不存在的，只能是相对的，现在人们对于绿色装修有很多误解，大家以为用了所谓零污染的绿色环保装修材料就没有污染了，其实，在整个装修过程中，污染几乎是不可避免的。进一步而言，要做到真正的绿色，需要关注的方面不仅仅只是装修材料，更要从设计开始绿起来：设计原则、设计方案、施工程序、装修材料选择与室内空气质量检验等方面都要重视。

⊙ “绿色装修”的设计手法

1. 室内设计室外化。设计师通过设计把室内做得如室外一般，把自然引进室内。

2. 通过建筑设计或改造建筑设计使室内、外通透感增强，或打开部分墙面，使室内、外一体化，创造出敞开的流动空间，让居住者更多地获得阳光、新鲜空气和广阔的视野。

3. 在城市住宅中，甚至餐饮商业服务的内部空间中追求田园风味，通过设计营造出农家田园的舒适气氛。

4. 在室内设计中运用自然造型艺术，即有生命的造型艺术：室内绿化盆栽、盆景、水景、插花等。

5. 用绘画手段在室内创造绿化景观。

6. 室内造园手法。

7. 在室内设计中强调自然色彩和自然材质的应用，让使用者感知自然材质，回归原始和自然。

8. 在室内环境创造中采用模拟大自然的声音、气味的手法。

9. 环境是生态学的范畴，“黄土窑洞”等穴居形式、构木为巢的巢居形式等将再度成为建筑、室内设计的研究和设计方向。

10. 普通的家庭室内高度，一般都在2.5～3米之间，为了使居住者在室内不感到压抑，在设计上，可作镂空雕饰的天棚架，落级在30厘米左右，让镂空架离天顶15厘米左右，并在镂空架中装置暗藏兰色灯带或灯管，照射到天顶面上，泛出天蓝色光面，身处其中犹如在幻境中，并有一种开阔感、清新感。

11. 色彩的搭配和组合，恰当的颜色选用和搭配可以起到健康和装饰的双重功效。

⊙ “绿色装修”的材料选择

墙面装饰材料的选择 家居墙面可使用木制板材装饰，可将原墙面抹平后刷水性涂料，也可选用新一代无污染PVC环保型墙纸，甚至采用天然织物，如棉、麻、丝绸等作为基材的天然墙纸。

地面材料的选择 地面材料的选择面较广，如地砖、天然石材、木地板、地毯等。如果采用天然石材，应选用经检验不含放射性元素的石材。选用复合地板或化纤地毯前，也应仔细查看相应的产品说明。

顶面材料的选择 若居室不高，可不做吊顶，将原天花板抹平后刷水性涂料或贴环保型墙纸即可。若局部或整体吊顶，建议用轻钢龙骨纸面石膏板、硅钙板、埃特板等材料替代木龙骨夹板。

软装饰材料的选择 窗帘、床罩、枕套、沙发布等软装饰材料，最好选择含棉麻成分较高的布料，并注意染料有无异味且选择不易褪色的布料。

木制品涂装材料的选择 木制品最常用的涂装材料是各类油漆，是众人皆知的居室污染源。不过，国内已有一些企业研制出环保型油漆，这些油漆均不采用含苯稀释剂，刺激性气味较小，挥发较快，受到了广大用户的欢迎。

⊙ 家居装修要注意八类健康禁忌

涂料忌有"香味" 涂料选择不当的危害在于，其含有苯等挥发性有机化合物及重金属给人类带来的损害。市场上有部分伪劣的"净化"产品，通过添加大量香精掩盖异味。因此，买涂料最好选择没有味道的，使用前应打开涂料桶，亲自检查一下：一看，有无沉降、结块或严重的分层现象，若有则表明质量较差；二闻，发臭、刺激性气味强烈的质量较差；三搅，用棍轻轻搅动，若抬起后，涂料在棍上停留时间较长、覆盖较均匀，则表明质量较好。进行墙面涂饰时，还要注意基层的处理，禁止使用107胶，也别用调和漆或清漆，否则会造成甲醛和苯双重污染。

地板忌用一种 地板一般有人造板、复合板和地砖等多种类型，单一使用某地板有可能导致某一种有害物质超标。比如实木地板虽说是最环保的，但有油漆，可能造成苯污染；复合地板含甲醛，只用这一种地板甲醛容易超标。建议客厅铺瓷砖，卧室、书房用实木地板，搭配使用对健康最有利。尤其需注意的是，地板下不要铺大芯板，若行之，易致甲醛严重超标；瓷砖一定要选有害物低于国家标准并且适用于室内的产品。

居家篇

卫生间忌无返水弯 下水道的返水弯和地漏至关重要，却极易被忽视，最好买正规厂家生产的符合标准的产品。地漏水封应该超过2厘米；洗面盆下面一定要安装返水弯，以防止下水道异味、细菌、病毒、蟑螂、蝇蝶侵入并污染。

厨房台面少用花岗岩 花岗岩有很大的辐射，且浅色花岗岩，如白色、红色、绿色等，比深色花岗岩的辐射更强。因此，操作台面应少用花岗岩，若青睐天然石材的话，大理石是不错的选择。

家具忌有裸露面 同等大小的空间里，放一两件家具和放很多家具的环保系数肯定有区别，堆砌家具容易导致污染物超标。选择家具时应注意看家具有否裸露的端面，裸露材料会导致有害物质释放。有条件的消费者可从家具厂订做，并要求全部封边，这样就可把甲醛封在里面。

壁纸忌用一种颜色 壁纸是使用较广的墙面装饰材料，而值得注意的是，如果壁纸的用色不当，也会引发健康问题。金色易反射光，对眼睛伤害大；橙色影响睡眠质量，不宜用在卧室，但它有诱发食欲的作用，可装点餐厅；黄色减慢思考速度，不宜用在书房；黑色过于沉重；粉红色会令人心情烦躁，应避免大面积使用。因此，消费者应合理搭配壁纸的颜色，最好不要只用一种颜色。

装饰布忌买来就用 窗帘、桌布、沙发套、门帘、地毯这些装饰布，很多人买回后就直接使用。其实，装饰布在生产过程中，常会加入人造树脂等助剂，以及染料、整理剂，这些助剂中含有甲醛。尤其是深色布料，甲醛含量更高。因此，装饰布买回后，最好先在清水中充分浸泡，以减少残留在上面的甲醛含量。

灯具忌过于花哨 灯具用好了有时尚、温馨之感，用得不当则可能成为室内光污染的主要来源。彩色光源会让人眼花缭乱，还会干扰大脑中枢神经，使人头晕目眩、恶心呕吐、失眠等。因此，选择室内灯具时应尽量避免旋转灯、闪烁灯，以及彩色和样式过于复杂的大功率日光灯，建议选柔和的节能灯，既环保，又把“光污染”的影响降到最小。书房、厨房要选择色温较高的光源(色温大于3300K)；起居室、卧室、餐厅宜采用暖色光源(色温小于3000K)；辅助光源，如壁灯、台灯，需避免其亮度与周围环境亮度相差过大。

应逐渐树立“轻装修、重装饰”的概念。装修时，使用的材料越多、越复杂，污染物可能越多。另外，装修结束后，最好找有资质的检测中心检测，确保各种污染物不超标后再入住。

⊙ 重视六大装修细节

卫生间 在淋浴间、浴缸、马桶旁及过道安装扶手，能最大限度地保证家中老年人和儿童的安全。有条件的家庭，可在适当高度安装报警器，使家人能在第一时间发现问题。

地面 地面要做好防滑措施。室内地面尽量少出现门槛或有高度差的台阶，应安装软木地板或防滑地砖；对楼梯面也要及时维护，做好防滑处理。门口、卫生间前和室内楼梯的脚垫要固定好，防止出现“卷角”情况。

床和沙发 床铺高低要适当，便于上下床；床上用品要求保暖性较好，床单、被罩最好选购全棉材质；一般人适合使用稍硬的床垫，尽量不要使用“弹簧床”等软床垫。同样，沙发也不宜过于柔软，否则会令人“深陷其中”，不便挪身。

门窗 最好采用推拉式门，装修时，下部轨道嵌入地面，以避免出现高度差，形成障碍；采用平开方式的门，应注意在把手一侧墙面留出约50厘米的空间；门窗的把手、开关等部件，宜选用受力方便的“棒状”把手，尽量别用“球形”拉手；此外，注意选择隔音和节能效果好的门窗。

灯光 若家中有需起夜的老人或小孩，为保证起夜时的安全，装修时，卧室内可装置低照度长明灯。

开关 电器、煤气开关应该设在显眼的位置，方便控制；卫生间的灯光开关最好有夜视功能或选择带有光控、声控功能的开关。

⊙ 老人居室装修四“忌”

设计忌“角” 在选择和设计老年房时，应尽量为老年人的行走活动减少阻碍。少一些棱棱角角和不必要的突出物，以免碰伤腿脚不便的老人。

色彩忌“艳” 色彩过于艳丽会干扰老年人的神经系统，使他们感到心烦意乱。

居室忌“闹” 老年人爱静，居家最基本的要求是隔音效果好，不受外界影响。

摆设忌“多” 房间中过多的摆设，不仅增大清理难度，更重要的是增加不安全因素。

⊙ 儿童房间装修注意事项

采光通风和朝向 儿童房要注重房间的采光、通风和朝向，以及房间周边小环境的各种因素，发现有不利的情况要做适当的调整。比如，儿童房不宜设在机器、电器、高压线等周边。对于采光或通风不好又不能改变布局的儿童房就需要在设计装修中予以协调，比如通过增加灯光以及合理布局镜子来调节室内的光线等。

根据儿童年龄有针对性设计 要根据儿童的年龄、性别、爱好等诸多特点进行有针对性的设计。比如，对于年龄较小的儿童就要从安全等角度出发，在儿童的兴趣爱好上要引导和通过居室环境来提高儿童的感知等。要让儿童充分地参与到室设计中来，满足儿童特定的审美和需要。同时，设计时要有一定的前瞻性，要留有一定的成长空间，让儿童房随着小主人“共同成长”。例如，在家具方面，家长可根据孩子的身高、年龄、爱好来改变家具的形状、高低，既经济又实惠。在选择儿童家具时，还应注意，儿童床以木板床或不太软的弹簧床为好，这样有利于儿童身体的发育。房间中要有专供儿童使用的玩具箱、储藏柜，上学的适龄儿童还要有自己独立的小书柜。居室中应设置电脑桌和可调节的电脑椅。

注重环保和健康 儿童房务必注重环保和健康。因为儿童的免疫力和对特殊突发情况的应变力都比成年人弱很多，所以在环保健康方面尤其要注意细节。比如，在儿童房的设计中要严格把握装修材料的使用，不仅仅是只满足合格而是要在条件允许的情况下使用更高档次和品质的装修材料以及名优品牌。儿童房装修以天然装修材料为首选，加工工序以及施工工艺环节尽量越少越好，这样就可避免各种化学物在室内造成污染。除了对环保材料的把握外，还要注意儿童家具以及窗帘布艺等的环保问题，在儿童房一定要杜绝不环保的家具和饰品。

要简洁实用 儿童房装修要简洁实用，不要过于追求设计造型或是把很多“抢眼”的颜色应用在儿童房的空间中。比如，儿童房的墙壁不可张贴太花哨的壁纸或图画，以免孩子心乱、烦躁，可以有针对性地粘贴儿童画，引导孩子的审美。另外，儿童房也要注重在使用上的方便与舒适。比如，地面可采用木地板或各种陶瓷地砖。这些材料既无污染又便于擦洗。这里还要提醒父母们，在儿童房里慎用地毯。地毯会引起部分孩子的过敏反应。

⊙ 室内环境的基本卫生要求

室内环境应达到五条基本卫生要求：

阳光 太阳光可以杀灭空气中的微生物，提高机体的免疫力。专家认为，为了维护人体健康和正常发育，居室日照时间每天必须在2小时以上。

采光 是指住宅内能够得到的自然光线，一般窗户的有效面积和房间地面面积之比应大于1：15。

高度 室内净高不得低于2.8米。这个标准是“民用建筑设计定额”规定的。对居住者而言，适宜的净高给人以良好的空间感，净高过低会使人感到压抑。并且，当居室净高低于2.55米时，室内二氧化碳浓度较高，对室内空气质量有明显影响。

微小气候 要使居室卫生保持良好的状况，一般要求冬天室温不低于12摄氏度，夏天不高于30摄氏度；室内相对湿度不大于65%；夏天风速不小于0.15米/秒，冬天不大于0.3米/秒。

空气清新度 是指室内空气中某些有害气体（二氧化碳、二氧化硫、氡气、甲醛、挥发性苯等）、代谢物质、飘尘和细菌总数不能超过一定的含量。

除上述五条基本标准外，室内卫生标准还包括诸如照明、隔离、防潮、防止射线等方面的要求。

⊙ 装修房屋如何防“毒”

房子装修完，很多人都选择半年后入住，以为半年后有害气体特别是甲醛可以挥发完。殊不知，甲醛的挥发时间长达15～20年，如果装修不当，装修完再怎么挥发也难保甲醛不超标。那么，房屋装修过程中如何防“毒”呢？

要预防装修过程中的室内空气污染，首先要从源头上加以控制。采用符合国家标准的、污染少的装修材料，是降低室内有毒有害气体含量的有效措施。购买和使用经过专门烘烤处理的木材类产品，则可有效减少甲醛的释放。

其次，家庭居室装修应以实用、简约为主。过度装修容易导致污染的叠加效应。例如，部分消费者给新居铺设实木地板时，还要在下面加铺一层细木工板，目的是使地板更加平整，踩踏时的脚感更好。从环保角度考虑，这种过度装修其实没有必要，一旦铺垫在下层的细木工板存在质量问题，甲醛等有毒有害气体会透过上层实木地板向外扩散、释放。

有些家庭还喜欢在墙上贴上各色墙布、墙纸，以使居室更加亮丽，但其实也容易造成甲醛超标。因为贴墙布、墙纸需要大量的胶水，不仅不利于涂料、油漆中有毒有害气体的挥发，反而会吸附一些有毒有害气体。而且在装修时，一些装修公司都会送一些胶水给顾客，实际上有的胶水质量都不高，用后危害更大。

⊙ 怎样使室内空气清新

要想让家里保持清新的空气，常开窗通风是最好的方法。

在室内放一些能吸收有毒化学物质的植物也是一种保持室内空气清新的办法。芦荟、吊兰、虎尾兰、一叶兰、龟背竹是天然的清道夫，可以消除空气中的有害物质。兰花、桂花、腊梅等是天然的除尘器，它们能截留并吸纳空气中的飘浮微粒及烟尘。为保持室内空气清新，要注意保持室内卫生，每天用湿毛巾清理家具，保持家具表面清洁，并且不要滞留垃圾，每天至少倒一次垃圾，特别是生活垃圾，更要及时清理。

⊙ 居室防潮妙方

适时通风法 在返潮现象严重的季节，要注意开启门窗的时间。通常，我们都有晨起开窗的习惯，不过在返潮的时候，这种习惯不正确。正确的方法是：清晨或傍晚前后以不开启门窗或少开启门窗为宜，最好在中午开窗门，使屋内空气流通，以利水分、湿气的蒸发。

清洗房间法 这是一种“以毒攻毒”的方法。在卧室内部已很潮湿的情况下，用温抹布和拖布分别清洗擦拭家具和地面，经过清洗的家具和地面不会更加潮湿，相反返潮程度会有所好转，显得干净、干爽。

强化通风法 本法适合双职工的家庭使用。下班打开家里的风扇、台扇、换气扇、吊扇等电器设备，使室内强化通风5～10分钟，可起到一定的防潮作用。

巧用家电法 必要时可使用电视机、录音机、电热炉等家电来驱除室内的潮气。

投放吸湿物品法 取生石灰撒在墙脚处，可有效防止居室四周受潮。

塑料布搁潮法 塑料布能在一定程度上起到隔湿防潮的作用。可将其钉在经常“出汗”的墙壁上。

⊙ 新家装修巧配色

作为居室，色彩和谐是第一位的，不管采用什么样的配色方案，一定要取得和谐的基本效果。但这不等于沉闷和单调，应掌握好对比的程度。如果学会了以下的居室配色的方法，相信无论使用哪一种，都能让家居出彩。

1. 华丽的屋室以乳白色为主色，墙面、天花板，地面用稍深的橘灰色，门窗采用接近的同类色，家具可采用镶嵌有图案的亮褐色，地毯、坐垫、饰品中，点缀一些橘红、深红、翠绿、褐色等颜色。

2. 热闹的居室设计以暖色为基调，墙面是淡橘色，地面为暖色的地毯，桌面可饰红色的布艺，饰品柜中可摆插花、烛台、餐具、酒杯等各显其色。窗帘和室内其他布饰多采用大花织物，窗台上可点缀些绿色植物，五彩的灯光与墙面抽象的装饰画呼应，整个房间热烈丰富、浓郁甜美。

3. 清润天蓝色的墙面故意刷成水迹斑斑，灰白色的地面与洁白的沙发显得格外清爽，沙发上淡黄、淡绿、淡青色的几个靠垫，为房间平添了几分活泼。东方特色的纸灯笼透出柔和的白色光雾在地面上投下串串倒影，使地面仿佛成了平静的水面。清翠的植物立在房间一角，飘散着阵阵幽香，整个居室的气氛像春雨拂过般清润不已。

4. 质朴结合乡土风味的设计，利用建材自然色彩，如木本色等。尤其适合于新时代的年轻人，如果是有小孩儿的三口之家，建议不要使用这种颜色。因为木本色家具颜色大都很浅，小孩经常摸来摸去，容易脏，清理起来很费劲，有些根本就无法擦净。

5. 以红色为主色，利用自然的明暗来造成丰富的层次。金黄色的天顶，具有反光感的地面，色与形互相辉映。为了避免过分的刺激，在一些地方可采用暗灰与亮灰相间的家具及墙面作为缓冲。这种色彩感觉适合于性格活泼、热情好客的人。

6. 清澈白灰色的墙面、大块透明的玻璃窗、黑色的具有明亮反光的家具、橘红色的沙发、米灰色的地毯使室内充满了明丽的自然光。如茶几上放一盆花卉或果盘，会使居室气氛更为清纯可爱。

7. 沉静有韵味的居室，应采用深蓝色的地毯、铁灰的沙发、黑褐色的家具、白色的墙面。另外，如加入淡黄和鲜红的果盘等饰物，能使整个房间显得沉静而不沉闷，颇具北欧地区的居室风格。

⊙ 警惕室内灯光污染

随着家居环境的日益美化，灯从单纯“提供照明”的光源演变为“创造生活情趣”的角色。现在许多人在选购灯饰时，仅仅注重灯饰的款式和颜色，并不注重灯光对人的健康的影响，其实这样并不科学。

灯光也可能是健康的宿敌 据专业人士解释说，灯具不只是要满足人们照明和美观的需求，同时，也要考虑到不同颜色的灯饰对人们的心理影响。灯的色温和亮度会对人们的情绪产生影响，明亮的光线可以改变大脑的内部时钟；长时间待在灯光下，人容易感到疲劳，人体对钙的吸收能力也会降低；强烈的光波甚至还可能使不正常的细胞增加，使正常细胞死亡。

其实，五颜六色的灯光对人的视力危害也很大，而且会干扰大脑中枢神经的功能。

向室内光污染说“不”

1. 建筑装修尽量不采用玻璃、磨光大理石、铝合金等做外墙装饰材料，涂料也应选择光反射系数低的。

2. 室内装修要合理布光。要注意色彩协调，避免眩光，合理分布光源，光线照射方向和强弱要合适，避免直射人的眼睛。

3. 室内装修时要选择对眼睛危害较小的颜色，可以用一些浅色来代替刺眼的白色。

⊙ 家居窗饰三原则

讲究窗帘的功能性 分布于不同空间的窗帘，其作用也各不相同。厅内的窗帘突出装饰性，应选风格雅致、大方的窗帘。卧室内的窗帘以实用为主，要遮光，保证室内的私密性。而卫生间、厨房内的窗帘则要注意材质的防水、防油、是否便于清洗等因素。

利用不同材质装点家居 如果居室风格属于传统装饰，那么配上厚重的大花图案的窗帘较合适；若追求现代风格，建议消费者选择轻盈飘逸的棉麻织品为佳。

窗帘的色彩巧妙搭配 窗帘的色彩应与居室的方向相搭配。若窗户向东、东南、西南方向，阳光较充足，可挂绿色、黄色等中性偏冷颜色；若窗户朝北、东北方向，不防试试偏暖色色调，如米黄、奶黄等。同时，窗帘的颜色与内墙色彩搭配也值得消费者关注。比如内墙是淡绿色，可选用橘色或绿色的窗帘，营造宁静、安谧的气氛；倘若内墙是白色或淡象牙色，可以考虑橙红或天蓝色的窗帘，以产生清雅、高洁的遐想。

⊙ 家居不能忽视的十二个健康细节

卫生间太潮易得病 潮湿的卫生间容易使真菌滋生、繁殖，诱发呼吸道疾病。所以，湿墩布应晾干后再放入卫生间；保持下水道的畅通；勤开排气扇。可以选择硅藻泥做部分墙面，有条件的可做个电地暖，以起到除湿的作用。

巧除家中异味 下水道口洒点山药水，花盆中掺一些鲜橘皮，壁橱、抽屉内放一包晒干的茶叶渣，炒菜锅中放少许食醋，加热蒸发，都能去除室内异味。

屋里花多眼睛累 室内摆放植物要少而精。太多会破坏环境的整体感，不仅难以起到调节心情的作用，还会造成视觉疲劳。

选对窗帘睡个好觉 植绒面料的窗帘较为厚重，吸音、遮光效果好；选用红、黑颜色配合的窗帘，有助于尽快入眠。

淋浴房中使用全钢化玻璃最安全 淋浴房中使用半钢化玻璃或热弯玻璃，有可能因过冷或过热产生爆裂，全钢化玻璃的安全性则较高。

瓷砖太亮会伤眼 白色、金属色瓷砖反光较强，可能导致近视和白内障，不适合大面积使用。装修时，最好选择亚光砖。当然，墙面最好选用自然原色的壁材，以保护视力。

阳台当厨房危险 把灶具放到阳台，冬季容易冻裂管线，引发安全事故；春夏多风季节，容易把火吹灭，造成燃气泄漏。

样品家具较环保 家具样品在空气中置放时间较长，甲醛、苯等有害物质释放比较彻底，此外样品多使用真材实料，有些厂家还会进行除醛处理，所以买家具时不妨考虑购买无质量问题的样品。

房间装饰少用油画 油画颜料中含有一定量的可溶锑、砷、钡、铅、汞、硒等元素，如果被人体过量摄入，会危害健康。

用茶叶末扫宠物毛发 将喝剩的茶叶末沥干，洒在地上，再用扫帚打扫，很容易卷走宠物的毛发，但最好用冲泡多次的茶叶。

有抽油烟机也要开窗 抽油烟机虽然能抽走油烟，但并不能抽走燃气燃烧时产生的废气，这种气体对人体的危害更大，建议开窗让废气散出。

家具长虫，涂点花椒末 遭虫蛀的木家具，可将尖辣椒或花椒捣成末，塞入虫蛀孔，然后涂抹石蜡油，连续10天即可除虫。

⊙ 穿衣镜摆放有讲究

穿衣镜是家里不可缺少的物件，既有实用性，又有装饰性。由于室内空间既是固定的又是可变的，镜子便是一种变化空间的常见手段，如用镜做墙，做天花板等。对于局促的房间，设计师也会用镜子增大空间感，甚至用镜子反射光线，增加室内光的照明度。因此，如何放置穿衣镜以达到最好的居住效果需要认真考虑。

在简单的现代装修风格中，穿衣镜采用简单线条的镜子，把它镶嵌到墙内，这样不占地方，而且房间显得更大。

用于点缀空间的穿衣镜，一般挂客厅的墙上，而且最好在镜子的正对面摆放绿色植物或者在其正对的墙面挂精美的画，这样在镜子中的风景就不会显得空落。

小居室中的穿衣镜可采取用镜子覆盖整面墙壁的方法，以舒缓压迫感。

⊙ 各种浴缸的保养方法

浴缸按照其材质可分为亚克力浴缸、钢板浴缸和铸铁浴缸。浴缸的使用寿命和保养息息相关。浴缸的材质不同，保养方法也有所不同。下面介绍几种浴缸的保养方法。

至少每周清洁 清洗亚克力浴缸时要用海绵或绒布，不要使用粗布、百洁布，也不要使用任何含有颗粒状物体的清洗剂，可用温和清洗剂如玻璃水清洁。铸铁浴缸每次使用完毕都要用清水充分冲洗，并用软布擦干。如遇到顽固污渍，可使用少量研磨清洗剂进行清洗。用软尼龙刷清洁底部防滑面，勿用钢丝球、钢丝刷或研磨海绵刷洗防滑面。

每月应冲洗按摩浴缸系统两次以上。顺时针方向调节喷嘴至完全关闭位置，防止漏气。往浴缸注入温水至最高喷嘴以上2厘米处，或者在使用完之后将水留在浴缸中。在水中加入两勺低泡沫粉状自动碗碟洗洁精和少量家用漂白剂。将按摩浴缸开启5~10分钟，然后关闭，将水排掉，接着用水冲洗浴缸表面。

温和处理表面污渍 可以用废弃的软毛牙刷蘸漂白粉水刷洗表面，既可以去除污渍，还能消除霉菌。遇到难擦的污渍，可以用半个柠檬蘸盐擦，也可以用软毛牙刷涂上有美白功能的牙膏或松节油擦洗。对于水垢，可用平日清洁马桶用的产品，如果不喜欢那刺鼻的味道也能用柠檬加白醋这种比较自然的方法。

及时修补伤痕 亚克力浴缸如需修复暗淡或划伤部分，可用干净抹布混合无色自动打磨溶液擦拭，然后涂上一层无色保护蜡。请勿在落脚的区域上蜡，以防滑倒。

随时处理管道堵塞并按时消毒 管道要一周清理一次或两次，可以将专门清洁下水道的产品，灌进下水道，5分钟后或根据产品说明清洗。浴缸如果堵塞了，可先将去水阀门关闭，然后放适量的自来水在浴缸中；将橡皮吸引器(疏通马桶用)放置在去水阀门上；在打开去水阀门的同时，闷住盆或浴缸的溢水孔，而后快速地上下吸引，将污垢或毛发吸出来，及时清理掉。在堵塞比较严重的情况下，可以重复几次，直到疏通干净为止。

⊙ 地板日常保养三窍门

打蜡 地板打蜡次数不宜频繁，应该适当地为地板打蜡。打蜡可以起到防潮、防损伤、增加表面光度以及方便清洁等作用，但频繁打蜡会导致蜡垢层叠加，影响打蜡效果。

清洁 实木地板在日常清洁中使用拧干棉拖把擦拭即可，如遇顽固污渍，应使用中性清洁溶剂擦拭后再用拧干的棉拖把擦拭，切勿使用酸、碱性溶剂或汽油等有机溶剂擦洗。

强化木地板的清洁保养相对比较简单，但也不能掉以轻心。清洁时应用不滴水的潮湿拖布拖地，适当增大地表湿度，能够有效地预防地板产生缝隙和开裂。若出现油腻、污迹时，用布蘸清洁剂擦拭即可。

防止细小颗粒刮伤地板 细小的沙砾长时间停留在地板表面，经过来回走动，沙砾磨损的痕迹就会出现在地板表面。除了沙砾，灰尘、硬底鞋、金属锐器、玻璃瓷片都是地板“皮肤”的克星，为了减少颗粒磨损地板，保持地面清洁尤为重要。如果发现有灰尘或沙砾，应即时吸尘、清扫。

另外，地板上的灰砾不宜用潮湿的抹布和拖把处理，其间裹着的灰砾容易造成地板漆膜表面磨损产生划痕。

⊙ 水暖地热地板如何保养

初次使用时加热要循序渐进 使用地热地板时，一定要注意循序渐进地给地坪和地板加热。

第一次使用地热采暖，应在供暖开始的前三天逐渐升温：第一天水温18℃，第二天25℃，第三天30℃，第四天才可升至正常温度，即45℃，地表温度28℃～30℃。如直接使用地板可能会因膨胀发生开裂扭曲现象。长时间后再次启用地热采暖系统时，也要像第一次使用那样，严格按加热程序升温。

地表温度不能太高 要注意的是，使用地热采暖，地表温度不应超过28℃，水管温度不能超过45℃。如果超过这个温度的话，会影响地板的使用寿命。一般的家庭，冬季室温达到22℃左右就可以了。

关闭地热系统，注意降温要渐进 当天气变暖，室内不再需要地热系统供暖时，应关闭地热系统，地板的降温过程也要循序渐进，不可骤降，如果降温速度太快的话，也会影响地板的使用寿命。

房间过于干燥时，可以考虑加湿 冬季气候干燥，加上使用地热采暖，地板因长期处在高温状态而容易干裂，这时有必要给房间加湿。

此外，由于地板表面温度比较高，使用地热采暖系统的房间冬天最好不要在地面直接放置盛水的玻璃器皿和瓷器，以免因受热不均，热胀冷缩，导致器皿破裂，浸湿物品。

⊙ 最适合人体健康的家具高度

家具设计中的尺度、造型及其布置方式应符合人体生理、心理尺度及人体各部分的活动规律，以便达到安全、实用、方便、舒适、美观的目的。

床的高度 一般来说，床沿高度以45厘米为宜，或以使用者膝部做衡量标准，等高或略高1～2厘米都会有益于健康。过高导致上下床不便，太矮则易受潮，容易在睡眠时吸入地面灰尘，增加肺的工作压力。

床的健康高度还可通过褥面距地面高度来测算。标准是46～50厘米。这是因为座椅的健康高度为40厘米，坐在床上时，46厘米的床褥受压后距离地面刚好约40厘米。

电视柜高度 电视柜的高度应使使用者就坐后的视线正好落在电视屏幕中心。以坐在沙发上看电视为例——坐面高40厘米，坐面到眼的高度通常为66厘米，合起来是106厘米，这是视线高，也是用来测算电视柜的高度是否符合健康高度的标准。若无特殊需要，电视机的中心高度最好不要超过这个高度。

如果挑选非专用电视柜做电视柜用，70厘米高的柜子为上限。以29英寸的电视为例，机箱高60厘米，柜子高70厘米，加在一起是130

厘米，测算下来屏幕中心到地的高度约为110厘米，这个高度刚好符合正常收视的健康高度，如果选用的柜子高于70厘米则中心视线一定高于这一标准，容易形成仰视。

桌椅高度 桌椅高度应以人的坐位（坐骨关节点）基准点为准进行测量和设计，高度通常定在39～42厘米之间，小于38厘米会使膝盖弓起时引起不舒适感，并增加起立时的难度；椅子高度大于下肢长度5厘米时，体压分散至大腿，使大腿内侧受压，易造成下肢肿胀。

沙发高度 单人沙发坐面宽不应小于48厘米，小于这个尺寸，人坐进去，会感到很拥挤。坐面的深度应在48～60厘米范围内，过深则小腿无法自然下垂，腿肚将受到压迫；过浅，就会感觉坐不住。坐面的高度应在36～42厘米范围内，过高，就像坐在椅子上，感觉不舒适；过低，坐下去站起来都会感到很困难。

双人或三人沙发的坐面高度与单人沙发的坐面高度标准一致，沙发扶手一般高56～60厘米。如果没有扶手，而用角几过渡的话，角几的高度应为60厘米，以方便枕手或取物。

厅柜高度 低柜设计为40厘米，正好与沙发形成交流的高度。60～70厘米高的低柜兼做展示柜或放置电视都能获得比较理想的效果，这是适合大多数东方人的健康高度，这个高度对视线的回应及时而有效。

高柜最高处距房顶应维持在40～60厘米，过高会产生压迫感，过低视线则容易忽略中心高度，造成视觉的分散。

健康高度在家具设计中的应用，特别强调家具在使用过程中人体生理及心理的反应，根据使用者的立位、坐位和卧位的基准点来规范家具的基本尺度及家具间的相互关系，是挑选家具的首要标准。

⊙ 家居摆设不当影响健康

要保持健康，除了身心调节之外，有时在家居摆设上也要注意。

因为有一些家居摆设也会影响健康，如下面这几种。

鱼缸太多或太大 有些人对养鱼情有独钟，喜欢在家里摆放些鱼缸。但从风水学来说，鱼缸的摆放位置是有严格要求的。比如摆在正南方，会对家里人，特别是对老人的血压、心脏、头部的健康都会有较大的影响。如果家里摆设的鱼缸太多，有两个或多个时，从风水学来说，肯定会有一个鱼缸的位置是不对的，可能对身体健康有很大影响。除此之外，如果鱼缸太大，有时横跨了两个不同的方位，从风水角度来说也是不妥当的。因此，对于这个鱼缸的摆设要非常慎重。

不能有太多红色的摆设 有些人很喜欢用红色，家中的沙发、床单、抱枕、坐垫、衣柜、窗帘全是红色或暗红色，甚至赤色的。这可能是因为红色很鲜艳，可表现出温暖的情调。这种做法是错误的，红色摆设太多，使人眼睛负担过重，容易让人心情暴躁。因此，红色应作为搭配色调，不应有太多红色摆设。

摆设过于凌乱 相信有很多人都会因为生活、工作忙碌，而没有时间收拾房间。这样长时间下去，对健康也会有一定的影响。因为物品过多容易产生灰尘，从而引起过敏反应。另外，家中过乱容易使人心烦意乱，所以应勤于整理家中摆设。

阳台种太多的花草 有些人喜欢在阳台上种植一些花草或盆栽，作为观赏用。但如果阳台上种植的花草太多，会影响光线或阳光进入室内，影响家人健康。因此，花草并不是越多越好。

⊙ 房屋装饰画要注意环保

当家居环境越来越讲究个性氛围时，形形色色的装饰画便成了一道道亮丽的风景线。在选择装饰画时，除了符合主人的审美品位外，也不要忽略它的环保性能。

目前，市场上的装饰画主要有三大类：一是最常见的印刷品；

二是原木艺术画、手工贴画、标本画等实物装裱画；三是水彩画、国画、油画等手绘作品。而装饰画对于家居环境的有害影响一般来自以下三方面：首先是画框材质不够安全，目前几乎所有装饰画的画托都采用中密度纤维板，档次较低的甚至使用污染更为严重的低密度板，常出现甲醛、苯超标3～4倍的情况；其次，是颜料的安全性低，油画、水粉画、丙烯画的颜料中含有一定量的可溶锑、砷、钡、铅、汞、硒等元素，这些重金属元素如果被人体过量摄入，会严重危害健康。相对来说，印刷作品、水彩画、国画在这方面较为安全，购买时，应尽量选择这一类产品。

消费者在挑选装饰画时，可以遵循以下几个准则：用漆少，用胶少，重色染料较少。对于心仪的装饰画，购买时可留意是否散发强烈的刺鼻气味。买回家后，不要急于拿进屋挂上墙，可在通风好的地方存放一段时间再挂。

⊙ 家电怎样摆放才更健康安全

家电是家居环境组成的一部分，怎样才能创造更加健康的家居环境呢？试试调整下家电的摆放位置，说不定会收到意想不到的效果。

人们常常为家具的摆放费尽心思，却忽略了家电的摆放位置。家电摆放其实是门学问，关系着整个家庭的安全。

别让电器扎堆 不要把家用电器摆放得过于集中，特别是电视、电脑不宜集中摆放在卧室里，以免使自己处于超剂量辐射危险中。

厨房大小家电分开摆 厨房是家电最集中的地方，最好能把大小家电分开放置，大型家电放在厨房角落，小型家电平时不用的时候就收进橱柜里，尽量避免同时启用。电烤箱、电饭煲等大功率电热炊具，不能离电源插座太远。

空调离人体越远越好 卧室里一般是壁挂空调，在安装空调时，放在对着床吹的位置或挂在床头都不太好。空调对着床吹，会使人着凉；而挂在床头，有可能会漏水，产生的噪声会影响睡眠，同时维修也不方便。最好能放在床一侧墙壁而不对着床吹的位置，离人体越远越好。

影音器材远离窗户 原因有两个：一是由于电视机屏幕被光线照射会产生反光效果，令眼睛不舒服。二是靠近窗户会沾染尘埃，下雨时，雨水更可能溅到器材上，影响其操作，甚至发生漏电。

⊙ 如何防止电器辐射

微波炉 在所有家电中，微波炉的辐射超过其他电器的总和，因此，微波炉开启后要保持与其至少一米远的距离，待结束加热后再打开。

电吹风 电吹风本属于低频电器，但因为与人体接触紧密，使用频率高，所以排在第二位。建议每次使用时间不要过长。

电脑 台式电脑主机的后、侧面辐射较大。笔记本电脑辐射集中在键盘上方，最好使用外接键盘。

电视机 液晶电视和等离子电视虽然比传统老式电视的辐射小很多，但仍存在一定隐患，建议看电视时至少离电视1.5米远。

电冰箱 电冰箱的正面电磁场不高，但在侧面接近电源的部位却比较高，所以要避免长时间站在电冰箱旁边烹调食物。

长时间看电脑、电视后，应及时洗脸洗手。此外，多吃富含维生素和蛋白质的食物，如胡萝卜、牛奶、豆腐、鸡蛋等，能加强抵抗电磁辐射的能力。

⊙ 如何防止家电二次污染

容易产生“二次污染”的电器都是人们经常接触或使用的，如洗衣机、饮水机、空调、加湿器、热水器、微波炉、空气净化器等。

解决家电“二次污染”的办法之一就是定期清洗，小家电如豆浆机随用随清洗，饮水机尽量每个月清洗一次，大家电如空调、冰箱最好半年清洗一次。以空调为例，使用前必须对散热片、过滤网等彻底清洗消毒，至少每2个月用专业清洁产品清洗消毒。

饮水机的清理也有窍门，可以买一个鲜柠檬，将它切片煮水，然后将煮沸的柠檬水，倒入饮水机的热胆，再接通电源，促进热胆内酸性柠檬水与碱性水垢中和，10分钟后，将电源切断，排出柠檬水，即可达到清洁除菌的效果。

⊙ 如何使小家电更省电

随着人们环保意识的提高，“低碳节能”成了现代人生活的主题。一般人以为，小家电个子小肯定耗电少、节能，其实不然，很多小家电都是名副其实的耗电大户，一台功率为2000瓦的电磁炉做一顿饭就要用6度电，年均耗电量绝对不比一台洗衣机少。因此，控制小家电的用电量很重要。

微波炉 在用微波炉加热早餐的时候，可以在食物或碗外面罩上保鲜膜，这样水分不会大量流失，并且加热时间也会缩短，达到省电的目的。

电脑显示器 电脑显示器的耗电与亮度、音量有关，一般而言，最好把亮度、声音调到适合的程度。另外，电脑不用时应及时关闭，拔掉电源插头。

饮水机 饮水机在不使用热水、冰水的情况下最好关闭电源，因为饮水机会自动重复加热。

⊙ 最不该使用的家居“日用品”

空气清新剂 大部分空气清新剂不能从源头上清除臭味，喷出的化学微粒还容易被人吸入肺部。改善室内空气的最好办法是通风，或在室内放一些植物。

下水道、马桶等卫生洁具专用清洁剂 这些东西易灼伤皮肤、眼睛和身体组织，清洁这些地方最好用小苏打加醋，先浸泡，再用热水冲干净即可。

听装食品 听装食品的包装涂有含双酚A的环氧树脂。这种化学物质与荷尔蒙分泌紊乱、肥胖、心脏病等疾病有关。最好吃新鲜、冷冻或者玻璃瓶装的食品。

杀虫剂 杀虫剂残留中的有毒成分会污染空气，给家人健康带来隐患。因此，居室应保持清洁，从根本上杜绝蚂蚁、蟑螂等害虫的侵扰。

瓶装水 塑料瓶中的化学物质会渗入水中，影响健康，出门时最好自带水杯。

橡胶玩具 制造玩具的聚氯乙烯会渗漏邻苯二甲酸盐和铅，前者与荷尔蒙紊乱有关，后者损害神经系统，二者都会污染空气。

沙发垫 上面的尘螨、霉菌数量和马桶坐垫差不多。而装有填充泡沫的垫子含有毒的阻燃剂，这些物质与癌症、甲状腺紊乱、生殖、神经系统紊乱有关。最好用羊毛及棉花制成的沙发垫，而且一定要经常打扫和清洁。

香水 香水所含的化合物超过800种。香水中的邻苯二甲酸二乙酯也可导致生殖系统紊乱。

⊙ 家中必须排查的四个致癌死角

卧室 化妆台上一般都会放着很多化妆品，可是化妆品中的甲醛、树脂会损害眼睛；爽身粉、脂粉中含有滑石，是一种致癌物质。衣柜里可能也少不了弹力紧身衣、尼龙裤、尼龙袜，这些尼龙聚酯类合成的纤维织物经人体加温后，可释放出微量的“塑料单体”。在加工时加入的松软剂、气溶胶及抗静电剂都对人体有潜在的危害。

书桌 书桌上的“毒品”也不少。涂改剂、墨水清除剂用起来很方便，可是这些化学制剂中一般含有苯和汞等毒性化学物质，这些物质会刺激肾上腺素过多地分泌，并提高心脏对肾上腺素的敏感性，致使心跳加快、无规律，严重者可发生急性心脏病，甚至死亡。

橱柜 有些人习惯将清洗但未干的餐具和厨具放入橱柜，久而久之会产生霉菌，长期使用这些器具就可能致癌。

卫生间 卫生间经常使用的空气清新剂中有不少化学成分对人体有害，频繁使用只能对室内空气造成二次污染，它会散发化学混合物和致癌物质。

⊙ 九个家居健康提醒

卫生间太潮易得病 潮湿的卫生间容易使真菌滋生、繁殖，诱发呼吸道疾病。湿墩布应晾干后再放入卫生间；下水道要保持畅通。

屋里花多眼睛累 室内摆放植物要少而精。太多会破坏环境的整体感，不仅难以起到调节心情的作用，还会造成视觉疲劳。

床垫别老睡一面 床垫老睡一面容易导致弹簧变形、床垫凹陷，新床垫最好隔2~3个月调换一下正反面和摆放方向。

马桶刷半年一换 马桶刷用久了刷毛会脱落，容易藏污纳垢，最好半年一换。

有抽油烟机也要开窗 抽油烟机虽然能抽走油烟，但并不能抽走燃气燃烧时产生的废气，这种气体对人体的危害更大。因此，做饭的时候应该及时开窗。

购买不锈钢的地漏好 铸铁、铸铜地漏表面粗糙、易生锈，且排水量小、流速慢。因此，购买地漏时，应选择不锈钢地漏。

壁纸只贴一面墙 壁纸本身及胶黏剂会释放挥发性有机化合物。因此，不妨只用来装饰电视墙、主题墙等视觉点。

出汗多者用竹炭床垫 竹炭的多孔结构使床垫可以吸附皮肤排出的二氧化碳、氨及高湿的汗气，保持睡眠时身体舒爽。

房间颜色也能治病 房间中可选用合适的颜色，橙色可以诱发食欲，靛蓝色有助于减轻患者手术后的疼痛，紫色可以安神、消除紧张情绪。

⊙ 家居巧去污

木地板去污 地板上有了污垢，可用加了少量乙醇的弱碱性洗涤液混合擦拭。因为洗涤液加了乙醇，除污力会增强。但是，乙醇可使一部分木地板变色。因此，应该先用抹布醮少量混合液涂于污垢处，用湿抹布拭净。若木地板没有变色，便可放心使用。

防止墙面泛黄 要防止墙面泛黄，下面两种方法不妨一试：一是将墙面先刷一遍，然后漆地板，等地板干透后，再在原先的墙面上刷一层，确保墙壁雪白。另一种方法是先将地板漆完，完全干透后再刷墙面。要注意的是，刷完墙面和地板后，一定要通风透气，让各类化学成分尽可能地挥发，以免发生化学反应。

拭除沙发上的食物污渍 布面沙发被食物污染后，要立即清除。如果被果汁、茶等污染，应先用纸巾吸去水分，然后用厨用中性洗涤液擦拭，最后用清水擦净。朱古力等油性的污渍，则应选用易挥发油擦拭。

地毯除垢 在200毫升的量杯中，倒进小苏打半杯，然后滴下1～2滴的尤加利精油（提炼自尤加利树），洒在地毯上，两小时后，用吸尘器吸干净，可清除地毯上的污垢和气味。

玻璃去污 先用干布擦干净，然后喷上碳酸水，再用海绵式拖把擦拭一次，最后用特殊清洁布（擦眼镜用的布料）蘸碳酸水擦一次，就大功告成。

百页窗除垢 关上百页窗，戴上白色棉手套，蘸一点肥皂水和小苏打，由上往下擦，最后换上清洁的白色棉手套，在手套上喷一些柠檬酸水，重复擦一次即可。

⊙ 八个卧室收纳小妙招

巧用搁板储物 卧室中空间有限，灵活运用一些边边角角就能开拓出更大的收纳空间。衣柜中加入两三块搁板或多放置些有搁板的收纳箱就能营造出更大的储物空间。

开放式入墙收纳 床头上方是我们较少开发使用的地方，将其设计成开放式的墙内收纳柜，格局上整齐，且海量容纳功能使得卧室犹如藏书阁般清雅。

小巧床边桌清新收纳法 一直以来，床边桌是我们不可或缺的必备家具。抽屉式的抑或是柜式的边桌，都是储藏收纳的制胜法宝。

拓展床下新空间 为了解决卧室的收纳问题，可以将不常用的床品、衣物等放置于床箱中；即使没有选择带储物功能的床也没有关系，一些高度适宜的储物篮筐能很好地隐藏于床下，而且取用方便。

床尾收纳 如果卧室面积够大，可充分利用床尾空间。一些毛毯、靠包、家居服也能暂时放置一下，一些杂志、书籍也可以放在小凳上以便下次取阅。

善用床铺四周 根据床铺的高度定制一排收纳柜在墙上，非常适合躺下睡觉时的视野水平，不至于造成精神紧张与压迫感。既能满足展示的作用，同时也能把不常用到的物品巧妙地藏起来，更为重要的是，在需要它们的时候也能很快找到。

开放式搁架 卧室里也需要些空间用来摆放一些装饰品或者书籍，若你家的卧室是开放式的，那么这种搁架还可以作为一种软隔断，将卧室与会客区域分隔开来，还你一个私密的卧室和一间清爽的客厅。

简约的墙壁挂钩 除了通过衣柜、斗柜、搁架这些大件的储物家具来收藏衣物之外，挂钩也是不可或缺的收纳法宝。挂钩能够打造出一种开放式美感，同时衣物、饰物的取用也可信手拈来。

⊙ 八种材料高效清洁房间

很多人为怎样高效清洁房间感到苦恼，其实，在我们的厨房中有些材料可以高效清洁房间，若使用得当，能取得事半功倍的效果。

盐 用手指沾少量的盐，轻轻搓磨附着在茶杯上的茶垢，可以简单地清除茶垢。

醋 将两大匙醋与200毫升的温水混合，然后倒在已经铺好厨房纸巾的切菜板上，放置15分钟，切菜板上的黑垢和臭味及病菌就会被清洁干净。如果用海绵菜瓜布蘸点上述混合的液体，清刷不锈钢料理台，能再现原来的光泽。

面粉 倒进少量的面粉在油腻的锅中，用报纸轻轻刮，面粉就会吸收油渍，最后用水冲洗即可。

地瓜粉 要清洗烤鱼架等烹调器具，可将200毫升的水与四大匙地瓜粉混合，倒进还是温热的烤盘中，等到完全变硬，成透明状，就可轻易地剥下来。

洋菜 先将洋菜煮成浓一点的液体，然后用毛刷，刷在已经清洁干净的抽风机或瓦斯炉上，干燥后，就可像往常一样使用，等到下一次要清扫的时候，只需要将“洋菜膜”剥下来丢掉就好了。

果皮 对付烧水壶和锅（铝制以外）内黏着的污垢，可将1～2个挤过的柠檬，切片放在锅中，放水到盖过污垢的地方，然后用小火煮15分钟，就可清除污垢。铝制的锅，可用苹果皮如法炮制。另外，用5个柠檬或橘子皮，放进1公升的水中煮沸，放凉后用布沾湿，擦拭瓦斯炉，也可以去除陈年污垢。

碳酸氢钠 又称为小苏打，对付厨房的油垢，可谓轻而易举。如果将小苏打先撒在烤鱼烤肉架下方的铁盘，可吸收腥味，烤完食物后，用撒在上面的小苏打清洗即可。在烧焦的锅里（铝制的锅不适合，会变色），放进水和两小匙的小苏打，烧开后将火关上，不久，焦疤就会浮起来，剩下来的附着物只要用刷子轻轻刷一下即可。

如果用500毫升的水和30克的小苏打混合，做成苏打水，用布沾湿拧干，就可擦拭瓦斯炉、烤箱、水龙头、热水瓶等的污垢，别忘了，最后要用布蘸清水再擦一次。

将小苏打放在容器、冰箱或鞋柜中，都有除臭效果，用纸包起来放在鞋子里面，也能除臭。

柠檬酸 打扫铺着榻榻米的日式房间，可将柠檬酸水（一小匙的柠檬酸粉和200毫升的水混合）一边喷洒在榻榻米上，一边用干布擦拭即可。

⊙ 八妙招让卫生间香气四溢

浴室物件常打扫 浴室里放置的洗衣篮、垃圾桶、脏衣服都是臭味来源，最好能常常清洁、打扫。

更换脚踏垫 浴室的脚踏垫最容易藏污纳垢，如男孩子尿尿会滴到脚踏垫上，时间久了就会产生气味，因此要常更换脚踏垫。

浴巾毛巾不要囤放浴室内 浴巾、小毛巾等容易吸湿受潮，产生异味。因此，要记得常更换，并保持干燥；干净的毛巾最好不要囤放在浴室内，应收到柜子里，防止霉味产生。

增加香气前先除臭 火柴、蜡烛或打火机都能除去卫生间的臭味，许多带有臭味的气体都是可燃性气体，点燃火柴、蜡烛、打火机后可以让这些气体完全燃烧，空气中自然就不再残留臭味。

若想再加点香味，可以点些精油蜡烛。但记得，除臭是第一步，之后才是想办法让厕所变芳香，不然就像流完汗喷香水一样，味道反而会更令人难受。

小苏打粉除臭 用杯子装一些小苏打粉，在粉上滴几滴精油，撒在浴室内，可让你家的浴室拥有自然好气味。

自制香氛抽纸 在抽纸盒的最下面垫一个香氛袋，抽出纸时，也能顺便带出一缕清香。

茶叶吸湿除臭一举两得 如果是习惯使用薰香灯的人，也可以在原本放精油的地方，改放干茶叶，点上蜡烛加热后，不仅会飘出雅致的茶香，还能吸去浴室的湿气，此方法一举两得。

随手盖 随手将马桶盖及垃圾桶盖盖上，也可以防止臭味蔓延。

⊙ 警惕家电背后的健康陷阱

家用电器的使用在给人们带来便利和惊喜的同时，也成了灰尘污垢的集中地。有人说，家电就像埋伏在家里的“定时炸弹”，随时威胁人的健康和生命安全。

饮水机 饮水机利用空气压力的原理运行，空气中的细菌、灰尘和其他有害物质均有可能通过透气孔进入饮水机内部。同时，饮水机内的储水胆、底座或冷热水管中都会反复沉淀水中所含的杂质。美国国家环境卫生监测部门检测显示，饮水机若3个月不洗就会大量繁殖细菌和病毒，如双歧杆菌、沙门氏菌等，不断繁殖的细菌可能引发消化、泌尿、神经系统方面的疾病。专家提醒，过滤型饮水机应两三个月清洗一次，滤芯一般1～2年更换一次。

清洗桶装水饮水机，要先拿掉水桶，放空储水槽的剩水后加满水，放入专用消毒剂浸泡一段时间，再倒入清水反复冲洗直至没有异味。机身表面、进水口、出水口和积水托盘也要记得常清洗、消毒。

冰箱 冰箱虽然能够减慢大部分细菌的繁殖速度，但不能杀灭细菌。生肉和蔬菜里都可能带有大量细菌，它们不仅可以继续繁殖，还会污染冰箱里的其他食物，引起肠胃疾病。因此，冰箱要常清洗，冰箱内部可用洗洁精清洗，搁架等容器拿出来用水冲洗，冰箱门上的橡胶密封条也要擦净。

空调 空调使用一段时间后，过滤网、蒸发器和送风系统上会积聚灰尘，产生病菌，导致感染呼吸道疾病，因此要经常清洗。清洗时，可用洗洁精或肥皂粉擦拭各个部件，再用清水冲净即可。特别提示：空调过滤网最易藏污纳垢，一定要用刷子把上面的脏物刷净。

洗衣机 洗衣机用的次数越多，藏匿在洗衣槽里的霉菌孢子数量就越多，进而附着在衣物上，可引起皮肤过敏等疾病，清洗时，最好使用专用清洁剂，也可用“小苏打和白醋”进行清洗。先往洗衣机里放满水，加入一小杯小苏打粉，让洗衣机转动3～5分钟后，浸泡30～60分钟，把水放掉，再放满清水，让洗衣机转上五六分钟即可。

⊙ 十六招赶跑冰箱恶臭

煤渣除异味 将燃烧过的蜂窝煤完整地取出，放入冰箱内（为了使冰箱内干净，你可以把它放在一个盘子里），放置一两天后即可除去异味。

生面除异味 蒸馒头时剩一小块生面，把生面放在碗里，再放到冰箱冷藏室上层，可以使冰箱在2～3个月内都不出现异味。

茶叶除异味 用纱布包50克茶叶放入冰箱，一个月后取出放在太阳下暴晒，再装入纱布放进冰箱反复使用。

檀香皂除异味 在冰箱内放一块去掉包装纸的檀香皂，除异味的效果较佳。

橘子皮除异味 将几块新鲜的橘子皮洗净擦干，散放在冰箱里，橘子皮的清香味可去除冰箱里的怪味。

柠檬除异味 把一个柠檬切成两半，不要覆盖保鲜膜，放在冰箱冷藏柜的上层，柠檬散发的清香味可以在一周内把冰箱里的怪味去除掉。

竹炭除异味 把几块竹炭放到冰箱的冷藏柜里，竹炭特有的多孔结构，可以迅速吸收冰箱里的异味。用一段时间后，把竹炭拿出来在阳光底下晒干，还可以继续使用。

黄酒除异味 用一碗黄酒，放在冰箱的底层(防止流出)，一般3日就可除净冰箱中的异味。

麦饭石除异味 取麦饭石500克，筛去粉末微粒后装入纱布袋中，放置在冰箱里，10分钟后异味可除。

食醋除异味 将一些食醋倒入敞口玻璃瓶中，置入冰箱内，除臭效果很好。

小苏打除异味 取小苏打(碳酸氢钠)500克分装在两个玻璃瓶内(打开瓶盖)，放置在冰箱的上下层，能除异味。

毛巾除异味 用一条干净的纯棉毛巾，折叠整齐放在冰箱上层网架边，毛巾上的微细小孔可吸附冰箱中的气味。过段时间将毛巾取出用温水洗净，晒干后还可继续使用。

用吸尘器吸异味 拿出冰箱中存放的食品，然后用吸尘器的吸气口靠近箱壁，上下左右依次活动，就能很快吸去电冰箱中的异味。

咖啡渣除异味 咖啡残渣吸附冰箱异味的能力最强，将煮完的咖啡残渣平铺在盘中放入冰箱，可保证冰箱内没有异味。

花茶除异味 可将50克花茶装入纱布袋中，放入冰箱内可去除异味。

中性清洁剂（家中用的一般清洁剂即可） 将冰箱擦干净并晾干，然后用酒精对冰箱擦一遍，晾干即可。注意，不要用碘酒擦，因为碘酒中含有碘，容易将冰箱染色。

⊙ 家居健康绿化攻略

客厅：选用艳丽插花 客厅是家人团聚和会客的场所，适合选用艳丽插花和高贵大方的植物，如玫瑰、水仙、海棠、兰花、君子兰等。

餐厅：可用植物作间隔 现在不少房间是客厅连着餐厅的，可用植物作间隔，如悬垂绿萝、洋常春藤、吊兰等。

卧室：安排小型的盆花 卧室需要营造出一种恬静舒适的气氛，可在窗旁放置一盆茉莉、桂花或月季。如果是插花就可选用淡雅的山百合、黄花百合、水仙等。若卧室面积较小，布置的植物不宜过多，可安排小型的盆花，如芦荟、文竹等。

书房：以观叶植物为宜 布置的时候应注意营造一个优雅宁静的氛围，可放置米兰、水仙、茉莉等清秀文雅的花卉。选择植物不宜过多，以观叶植物或颜色较浅的盆花为宜，如在书桌上摆一两盆文竹、万年青等，在书架上方靠墙处摆盆悬吊植物，使整个书房显得文雅清静。

厨房：可种盆葱蒜等 在厨房中摆设的植物宜小不宜大，最简便的办法是种一盆葱、蒜等食用植物作装饰。当然也可在靠近窗台的台面上放一瓶插花，淡化油烟气息。

卫生间：蕨类植物较合适 应选择抵抗力强且耐阴暗的蕨类植物或不占地方的细长形绿色植物，放一盆藤蔓植物在卫生间的窗台上也非常漂亮。

阳台：喜光耐旱多肉植物 阳台多位于楼房的向阳面，具有阳光充足、通风良好的优点。可选用喜光耐旱的多肉植物，如仙人掌类、月季、石榴、葡萄、夜来香、六月雪、茑萝、美女樱等。

⊙ 适合室内养植的花草

绿萝：改善空气质量，消除有害物质 绿萝的生命力很强，吸收有害物质的能力也很强，可以改善房间的空气质量。绿萝能消除甲醛等有害物质，其功能不亚于常青藤、吊兰。

君子兰：释放氧气，吸收烟雾的清新剂 一株成年的君子兰，一昼夜能吸收1立升空气，释放80%的氧气，在极其微弱的光线下也能发生光合作用。它在夜里不会散发二氧化碳。在十几平方米的室内放置两三盆君子兰，就可以把室内的烟雾吸收掉。特别是北方寒冷的冬天，由于门窗紧闭，室内空气不流通，君子兰会起到很好的调节空气的作用，保持室内空气清新。

橡皮树：消除有害物质的多面手 橡皮树对空气中一氧化碳、二氧化碳、氟化氢等有害气体有一定的吸附性。橡皮树还能消除可吸入颗粒物污染，对室内灰尘能起到有效的滞尘作用。

文竹：消灭细菌和病毒的防护伞 文竹含有的植物香气有抗菌成分，可以清除空气中的细菌和病毒，具有保健功能。

银皇后：具有独特的空气净化能力 空气中污染物的浓度越高，它越能发挥其净化能力。因此，它非常适合摆放在通风条件不佳的阴暗房间。

铁线蕨：最有效的生物“净化器” 成天与油漆、涂料打交道者，或者身边常有吸烟的人，应该在工作场所放置至少一盆蕨类植物。另外，它还可以抑制电脑显示器和打印机中释放的二甲苯和甲苯。

吊兰：一氧化碳和甲醛的杀手 吊兰能在微弱的光线下进行光合作用，吸收空气中的有毒有害气体。一盆吊兰在8～10平方米的房间就相当于是一个空气净化器。一般在房间内养1～2盆吊兰，能全天释放出氧气，同时吸收空气中的甲醛、苯乙烯、一氧化碳、二氧化碳等致癌物质。

芦荟：天然的生物空气清洁器 盆栽芦荟有“空气净化专家”的美誉。一盆芦荟就等于9台生物空气清洁器，可吸收甲醛、二氧化碳、二氧化硫、一氧化碳等有害物质，尤其对甲醛吸收能力特别强。还能杀灭空气中的有害微生物，并能吸附灰尘，对净化居室环境有很大作用。

棕竹：消除重金属污染和二氧化碳 棕竹的功能类似龟背竹，同属于大叶观赏植物的棕竹能够吸收80%以上的多种有害气体，净化空气。同时棕竹还能消除重金属污染并对二氧化硫污染有一定的抵抗作用。其最大的特点就是具有一般植物所不能企及的吸收二氧化碳并制造氧气的功能。

龟背竹：夜间吸收二氧化碳，改善空气质量 龟背竹有晚间吸收二氧化碳的能力，对改善室内空气质量，提高含氧量有很大帮助。

常春藤：吸收甲醛的冠军 常春藤是目前吸收甲醛最有效的室内植物，每平方米的常春藤叶片可以吸收甲醛1.48毫克。而两盆成年的常春藤的叶片总面积大约为0.78平方米。在24小时光照条件下可吸收室内90%的苯。

富贵竹：适合卧室的健康植物 富贵竹可以帮助不经常开窗通风的房间改善空气质量，具有消毒功能，尤其是卧室,富贵竹可以有效地吸收废气，使卧室的空气质量得到改善。

发财树：对抗烟草燃烧产生的废气 发财树四季长青，能通过光合作用吸收有毒气体释放氧气，能比较有效地吸收一氧化碳和二氧化碳，对抵抗烟草燃烧产生的废气有一定的作用。

仙人掌：减少电磁辐射的最佳植物 仙人掌是减少电磁辐射的最佳植物，当室内开着电视机或电脑的时候，负氧离子会迅速减少，而仙人掌肉质茎上的气孔白天关闭，夜间打开，在吸收二氧化碳的同时放出氧气，使室内空气中的负离子浓度增加，减少电磁辐射。

⊙ 不适合室内养植的花草

兰花： 它的香气会令人过度兴奋而引起失眠。

紫荆花： 它所散发出来的花粉如与人接触过久，会诱发哮喘症或使咳嗽症状加重。

含羞草： 它体内的含羞草碱是一种毒性很强的有机物，人体过多接触后会使毛发脱落。

月季花： 它所散发的浓郁香味，会使一些人胸闷不适、憋气与呼吸困难。

百合花：它的香味也会使人的中枢神经过度兴奋而失眠。

夜来香：它在晚上会散发出大量刺激嗅觉的微粒，闻之过久，会使高血压和心脏病患者感到头晕目眩、郁闷不适，甚至病情加重。

夹竹桃：它可以分泌出一种乳白色液体，接触时间一长，会使人中毒，引起昏昏欲睡、智力下降等症状。

松柏：（包括玉丁香、接骨木等）松柏类花木的芳香气味对人体的肠胃有刺激作用，不仅影响食欲，而且会使孕妇感到心烦意乱，恶心呕吐，头晕目眩。

洋绣球花：（包括五色梅、天竺葵等）它所散发的微粒，会使人的皮肤过敏而引发瘙痒症。

郁金香：它的花朵含有一种毒碱，接触过久，会加快毛发脱落。

黄花杜鹃：它的花朵中含有一种毒素，一旦误食，会引起中毒。

天竺葵、五色梅 气味使人过敏。

丁香：气味会使人气喘、烦闷。

接骨木：气味会使一些人恶心、头晕。

⊙ 能镇静止痛的植物

多数花香和芳香植物的挥发油能释放出抗菌灭菌的物质，不仅使人产生舒服和愉快的感觉，还可使人消除疲劳，减轻疼痛。

天竺花香味可使人镇静，消除疲劳，促进睡眠；迷蝶花香味能使气喘病人感到舒适；薰衣草花香对神经性心跳病人很有益；丁香花味对牙病患者有镇静镇痛功效。

能收作药用的花草更多。如七叶一支花的根块是云南白药的重要成分；三七花泡茶是降血压的良药；灯盏花能治风湿瘫痪；金银花能清热解毒；蜜通花能消肿止痛；三台花能接骨止痛；等等。

⊙ 能驱蚊虫的植物

蚊净香草是被改变了遗传结构的芳香类天竺葵科植物。该植物耐旱，半年内就可生长成熟，养护得当可成活10～15年。蚊净香草能散发出一种清新淡雅的柠檬香味，在室内有很好的驱蚊效果，且对人体没有毒副作用。温度越高，其散发的香越浓，驱蚊效果越好。据测试，一盆冠幅30厘米以上的蚊净香草，可将面积为10平方米的房间内的蚊虫赶走。另外，一种名为除虫菊的植物因含有除虫菊酯，也能有效驱除蚊虫。

⊙ 能吸收有毒化学物质的植物

1. 芦荟、吊兰、虎尾兰、一叶兰、龟背竹是天然的“清道夫”，可以清除空气中的有害物质。有研究表明，虎尾兰和吊兰可吸收室内80%以上的有害气体，吸收甲醛的能力超强。芦荟也是吸收甲醛的好手。

2. 常青藤、铁树、菊花等能有效地清除二氧化硫、氯、乙醚、乙烯、一氧化碳、过氧化氮、硫、氟化氢、汞等有害物。

3. 紫苑属、黄耆、含烟草、黄耆属和鸡冠花等一类植物，能吸收大量的铀等放射性核素。

4. 天门冬可清除重金属微粒。

⊙ 千万别让孩子接触的“毒花”

目前市场上常见的“毒花”有以下十三种：

苏铁 俗称铁树，种子和茎顶部都有毒，食后恶心呕吐、头昏。

水仙花 水仙鳞茎有毒，花和叶的汁液能使皮肤红肿，误食后会引起呕吐、下泻、手脚发冷、休克，严重时可因中枢麻醉而死亡。

南天竹 全株有毒，误食后会引起全身抽搐、昏迷等中毒症状。

绣球花 全株有毒，误食茎叶会造成腹痛、腹泻、呕吐、呼吸急迫、便血等现象。

万年青 枝叶中的液体有毒，触及人的皮肤会引起奇痒、皮炎，误食后则会引起口腔、咽喉、食道、胃肠肿痛，甚至伤害声带，使人变哑。

含羞草 过多接触会致脱发。

郁金香 花中含有毒碱，人在这种花丛中待上两个小时就会头昏脑涨，出现中毒症状，严重者脱发。

杜鹃花 误食黄色杜鹃后会引起中毒；白色杜鹃中毒后会引起呕吐、呼吸困难、四肢麻木等症状。

一品红 全株有毒，白色汁液可使皮肤红肿。

虞美人 全株有毒，误食后会引起抑制中枢神经中毒，严重的还可能导致生命危险。

仙人掌 刺内含有毒汁，人体被刺后容易引起皮肤红肿疼痛、瘙痒等过敏性症状。

马蹄莲 花有毒，内含大量草本钙结晶和生物碱等，误食则会引起昏迷等中毒症状。

紫荆花 花粉会诱发哮喘。

以上这些花卉虽然含有毒汁液，但是只要在养护中不随意攀折或不让儿童误食，对人体健康不会有影响。

出行篇

⊙ 学会看旅游广告

为了保证旅游“物有所值”，看旅游广告时要多个“心眼”。

航班 旅行社广告会注明机型，但不注明起飞时间。一般来说，时间安排不好的航班价格低，如果是旅行社包机，价格就更低。有的旅行社为了省钱，就把航班安排在晚上。旅客第二天会因体力不足而游兴大减。

酒店 旅行社广告都会注明所住酒店的星级。同样的星级，价格差异的奥妙在于酒店所处的地段。这些酒店通常不在景区或远离景区，游客每天往返酒店与景区会浪费时间，消耗体力。

饮食 旅行社广告都注明包多少餐，有的还标有每餐多少元，但具体提供的食品是否货真价实，其中文章很大，最好事先打电话问清楚。

旅游 旅客乘坐的车，有的性能很差，有的根本就没买保险。

门票 不少旅行社声称团费包括门票，但旅游景区常常分“大票”、“小票”。“大票”只让进景区大门，“景中景”、“园中园”统统单独收费。

景点 广告里的景点清单一长串，给人造成“行程丰富”的假象。其实，那些清单很可能是“分解”过的，一个景点排上几个分点名字，或者选择一大堆门票便宜或免费的景点。因此，要仔细核实，不能只看报价，不看“含金量”。

购物 旅行总天数相同，但旅行社安排较多的购物活动，即使导游不强迫游客购物，但因为要花费时间而必然使游览节目压缩减少，游客损失也不小。

⊙ 学会看旅游合同

现实中有的旅行社常常欺骗旅游者，为逃避责任而钻法律空子，打法律的“擦边球”，在旅游合同中做手脚，对理应承担责任的有关条款进行文字的“模糊化”处理，或干脆将合同中的某些内容删去……因此，旅游者要想使自身的合法权益得到维护，在与旅行社签订旅游合同时，一定要仔细看好旅游合同，留意合同的各种条件是否规范、有效、全面、准确，以确保合同公正合理。

一些不规范的旅行社在旅游合同中的惯用花招主要有以下几种。

某些旅行社在与出游者签订的旅游合同中所标明住宿的酒店，与其他旅行社的星级标准一样，但价钱却低许多。其实，相同星级的酒店因地理位置不同，价格差异较大。这种价位较低的酒店，往往是不在景区内或市区内的酒店，出游者到时得在酒店与景区之间辗转，费时费力，影响游玩。

有的旅游合同中只注明飞机的机型，而不谈起飞时间。很多旅行社选择“夜航”航班，这样就可以省下一笔不少的钱。而这样往往会使出游者在抵达目的地后，因为体力不足而游兴大减。如果返程中依然乘坐“夜航”航班，当出游者到达始发地机场时，民航交通车大都已收班，出游者就只能“打的”回家了。

有的旅游合同上注明包多少餐、标准如何高等，看起来非常优惠，而实际上却不尽如人意。在这种情况下，有必要先谈清楚饭菜的标准和细节，否则等菜摆上桌面时就来不及了。

有些合同回避了购物的问题，这样就使出游者变得非常被动。因为，在没有明确约定的情况下，导游受利益的驱使可以随意安排游客购物，几乎每到一个景点都会安排购物活动，如近年来许多海外游比境内游还便宜，其猫腻就出在购物上。

有些合同中的景点清单有长长的一串，让人觉得行程内容十分丰富。其实，这些清单很可能是“分解”过的，一个景点排上几个分点的名字，或是选择一系列门票价格低或免费的景点放到合同上去，最后真走下来才发现原来只是几个景点而已。

在对合同内容仔细斟酌的同时，还要看清合同是否有加盖旅行社印章，经办人是否签了真实姓名。此外，如因团队服务质量问题造成对出行者合法权益的损害，出行者可在90天内向旅行社所在地的旅游质量监管部门投诉。如果在旅途中与旅行社发生难以调和的纠纷，旅客可拨打各地旅游投诉电话，与当地旅游监管部门或全国“假日办”联系。

⊙ 如何选择旅游保险

许多人在外出旅游时，都会购买旅游意外险，其保费通常在20~100元。不过在购买时要特别注意其除外条款，了解哪些高度危险和探险活动不向旅游者作出赔偿。

除旅游意外险外，以下三种保险也可根据旅游者个人情况决定取舍。

交通意外险 旅游途中如果要经过路况复杂地段或乘坐交通工具的时间较长，不妨选择这种保险，相对于航空意外险，其性价比还是比较高的，不足之处在于，它只承担投保人乘坐交通工具时发生意外后的理赔。

航空意外险 一些人外出旅游乘坐飞机较多，可买20元一份的航空意外险。

旅游救助保险 许多保险公司都有与国际救援中心联手推出的旅游救助险种，投保人在遭遇意外时可以得到及时、有效、专业的救助。

⊙ 避免旅游纠纷四项注意

明确交通工具 乘坐何种交通工具，标准不同，价格也不同。有些旅行社在合同中对交通工具未予细化，导致旅游纠纷的发生。因此，游客与旅行社签订合同时，应事先明确所选用的交通工具。

细化合同明确责任 旅游合同应对行程、价格及违约责任等予以明确。具体而言，应包括具体景点、住宿、餐饮的标准及娱乐、购物的细节安排等。明确违约责任是游客维权的保障。

妥善保留广告资料 旅游广告、业务宣传手册、旅客须知及行程表中刊载的内容都应视为合同的组成部分，对旅行社具有约束力。游客应妥善保存这些广告，一旦发生旅游纠纷，这些都可成为有关部门处理纠纷的重要依据。

务必查验旅行社身份 游客对旅行社的“合法身份”应加以审核，如是否证(旅行社经营许可证)照(营业执照)齐备，导游人员是否持“国导证”等。

⊙ 参加旅行团防骗二十招

第1招 看旅行社资质。旅行社分为不同类型，包括国际社和国内社，各自都标明了经营的范围。如果是出境旅游，一定要注意旅行社是否有出境游经营权。

国家批准的具有出境旅游经营资格的旅行社主要有：中国旅行社总社、中青旅股份有限公司、中国康辉国际旅行社及其在北京、上海、广东、江苏、陕西、湖北、云南、福建、浙江等地的分支机构。

第2招 看旅行社行业背景，也就是旅行社所属公司是以经营旅游业为主，还是主营其他项目。相比较而言，后者资历浅，对旅游行业投入精力不多，显然实力上稍逊一筹。

第3招 看旅行社的广告。此招最容易也最有效。广告构成了旅行社信誉度的重要部分，可以肯定地说，一个不做广告的旅行社不会有很好的实力。要仔细观察广告出现在什么等级的媒体上以及出现的频率、篇幅、位置或时段。这些都从一个侧面反映了旅行社的信誉和实力。

第4招 看推销人的气质。通过观察旅行社推销产品的员工是否训练有素，精明强干，即可对旅行社的情形推知一二。

第5招 看推销人的承诺。所有的推销人都会说自己的旅行产品如何出色。可一旦被质疑，来自不正规旅行社的推销人一般会说“我们是朋友，我还能骗你吗”或是“我保证错不了”之类以个人名义做保证的话。而正规公司的推销者会以自己旅行社以前的业绩来证明，一般会说“我们于××年××月组织接待过××类的大团”等。让事实说话，听着让人放心。

第6招 看旅行社宣传材料。印刷精美、内容详实的宣传册或产品说明是旅行产品良好品质的重要表现，而几张简单的打印文件很难让人相信旅行产品。

第7招 记住各地旅游局的电话号码，对旅行社资质等问题不甚明了时，可以打电话咨询。

第8招 看旅行社提供的行程表内容是否详尽。行程表就是旅行的日程安排，应包括住宿、用餐及景点几个方面，越详尽越好。一份出色的行程表甚至包括下榻酒店及用餐餐馆的电话，万一客人走散，可凭此电话及时与团队取得联系。另外，提供日程表越详尽，旅行社中途随意改动安排的可能性越小。

第9招 看行程安排是否合理。有些旅行社的行程看上去很诱人，如国家多、城市多、安排紧凑，可实际上途中就会浪费很多时间，甚至走回头路。例如，某旅行社组织的旅游行程是从北京到以色列再到南非，再返回以色列返回北京，14天行程的旅行，仅飞行和在机场候机安检的时间就近60个小时，这样的旅行不仅是浮光掠影，而且弄得旅游者疲惫不堪，更谈不上旅行观光的乐趣。

第10招 探讨景点细节。看行程表时不仅要注意节目和景点，是否符合自己的兴趣，而且要看标注是否详细。如果行程上写“阿尔卑斯山滑雪一天”或“黄金海岸畅游半日”之类的话，可千万要小心。因为“阿尔卑斯山”和“黄金海岸”的范围很大，当地滑雪场或海滨浴场众多，它们的设施、管理、自然条件都相差很远，享受的服务差别很大。遇到这种情况，一定要向旅行社询问滑雪场或浴场的具体名称及情况。如果旅行社说不出，这里面一定有问题。如果说出名字，请一定记下，日后核实是否相符。

第11招 明确哪些游乐项目已包括在团费之内，哪些需要自理。弄清门票是只包含某一道门票，还是全部。例如，到某海滨旅行，游泳是不收费的，而潜水、滑水、乘快艇出海等均需自理。可旅行社行程上只写“下午1时至4时，在××浴场游泳、滑水、乘快艇”。这就很容易令人误解。因此，行前一定要问清，以免日后发生纠纷。

第12招 问清用餐标准。民以食为天，出门在外，吃得好坏很重要。事先问清餐标，一是估摸一下吃的好坏，二是了解如果途中旅行社因故未能安排餐食，退钱需要依据哪些标准。另外，还要问清几菜几汤、几荤几素。如果是出国旅行，最好问明是中餐还是当地餐。在国外，中餐通常较贵。

第13招 明确酒店的名称、地点及星级。通常来说像“入住北京王府饭店(五星级)或同级饭店”这样的写法比较规范。如果只写地点，或星级都可能有问题。有的旅行社会在行程上写：住“三关口”，到当地后才发现此处是深山，连人家都没有。显然这是旅行社没有事先踩点，而是按地图臆想出来一家宾馆。

第14招 明确交通工具。不仅要明确乘坐的是汽车、火车还是飞机，对汽车还要了解是什么车型，因为这直接关系到旅途的舒适程度。如果是自驾车旅行，就更要对车的情况以及自己的权利、义务了解清楚。

第15招 明确是否为旅行者兑换美金。如果出国旅行，按规定可以凭做好签证的护照到当地中国银行兑换2000美金（仅指当年第一次出国旅行）。如果旅行社绝口不提美金，出境前既不把护照给旅行者，也不替代旅行者换美金，那就要小心了，一定要在行前将此事弄清。如果旅行社说按规定只可换1000美元，那肯定其中有诈。

第16招 看是否有全陪。通常旅行团人数超过15人，组团的旅行社就应派人员全程陪同，以保证从一地至另一地的旅游可以顺利衔接，旅途中发生问题能及时解决。

第17招 要仔细询问新的安排情况。在旅行中导游在原规定的行程之外临时增加项目时，旅行者首先要确定自己是否对此感兴趣，然后要问明此项安排是否要付费，最后还要了解清楚新的安排会不会影响对下一个景点的参观。只要以上任何一项旅行者觉得不妥，就可以拒绝新的安排。

第18招 妥善处理导游减少景点的情况。旅行者要记住每一个景点你都是付了费的，即使没有门票，你也付了交通费，付了费而没有得到相应的服务，就可以要求退钱，甚至投诉赔偿。

第19招 对购物活动有权拒绝。对购物不感兴趣，导游却不断带团进商店，旅行者行之有效的对策就是坚决不买。如果所有团员都不感兴趣，可以向全陪和导游提出。

第20招 明确导游是否对旅游景点进行讲解。对当地旅游景点的讲解介绍通常由旅游地接待社的导游(也称地陪)负责，如果导游不讲解，可直接告诉他，他将被投诉。因为团费当中包含导游费。

⊙ 旅游“防宰”攻略

“吃、住、行、游、购、娱”乃旅游六大要素。吃得有特色、住得舒适，安全出行、快乐游览，当然还要捎带购物、娱乐，这样的旅途才让人快乐。但是，目前国内喜欢去旅行的人越来越多，游客在旅行时“挨宰”的事时有发生，让游客旅游兴趣大减。下面为大家介绍一些旅游“防宰”攻略。

吃——不先收钱坚决不吃

陷阱：要么海鲜缺斤短两，要么飞来一张天价账单，少则几百元，多则近万元。你问价格的时候，老板热情地告诉你“不贵才5元啦”，但等你结账的时候可能是5元钱一个或者5元钱一两。一顿饭吃下来，才发现一个酸辣土豆丝57元、炒小青菜72元，菜包一打87元，炒空心菜72元，水煮牛肉102元！吓人一跳。不买单，别想走人！

攻略：随身携带一个小秤最靠谱，或者一个已知重量的物件，如钥匙串、手机之类，实在没准备，带一瓶知道重量的瓶装水也好。遇见觉得可能“缺斤短两”的商家，把随身物件往秤上一放，出入重量就一目了然了。不过随着越来越多精明游客用这一招，很多商家也学会在游客“试秤”时做手脚，要么转移视线调整电子秤，要么干脆采取“水泥纸箱”——装水果纸箱夹层中全是水泥！所以称重时，你最好高度警惕并且保持火眼金睛。

吃饭时“防宰”，首先不要轻信出租车司机，尽量不去陌生人推荐的场所住宿、就餐，尽量选择去正规饭店就餐。到大排档之类吃饭，店家推荐的菜尽量不吃，吃饭、喝酒时强烈要求先买单，尤其是拿到出现所谓“时价”字眼的菜单时，先问清楚价格和具体分量，最好写下来双方确认再点菜；选海鲜更要先计价，不先收钱的决不吃！另外，如果方便，点菜时最好随手把菜单拍下来，留作证据，防止结账时店家拿出另一份天价菜单。在切身利益受到侵害的时候，立刻拨打相关投诉电话，必要时报警。

住——提前预订，注意广告字眼

每逢黄金周期间，“天价客房”的事情就会上演。一晚上住宿费高达上万元，整个国内旅行费用足够去东南亚好几个国家走上一圈了。

陷阱：因为游客爆满，房间价格暴涨。预订时明明说的是“海景”房间，结果发现只有从卫生间窗户中能看见大海一角。退房时，要付各种“室内物品损耗”的不明费用。

攻略：如果你的旅行计划能尽早确定，那就尽快解决旅游目的地的住宿问题。通常在黄金周等旅游旺季，酒店、客栈等都会不同幅度地提价，预订时一定要确认住宿时间和价格，出发前再一次和预订的住宿酒店等确认房间和价格。

“180度海景房”、“270度海景房”、“山景房”都是旅游目的地住宿的常用宣传语，这些房型因所见风景不同等情况，有很大的价格差。另外，酒店星级标准等也是出发前要核对的。此外，预订时还要问清住宿地与旅游景点、餐饮地之间的距离，要是不小心订了个交通不便、周围配套设施不全的地方住宿，这趟旅行可能会有点辛苦。

到了住宿的地方，在进客房后首先要和服务员清点好房内设施及晾衣架、毛巾及烟灰缸、地图、旅游手册等物的完好情况，避免退房时因为东西不全而遭遇索赔。还要认清房间中哪些物件是需要付费的，尽量不要使用酒店提供的个人物品。

行——记得索取发票

交通费用往往是整个旅途中一大支出。除去往返旅游目的地的机票、火车票等固定费用外，往返于住宿地、景点中的短途交通费用也非常惊人。

陷阱：黑车乱收费已是常见情况了，而出租车不打表议价出行、打表司机绕路等更是旅游陷阱中常见的问题。此外，旅游包车、包船出游，也不时出现走到一半，司机回头告诉你“加钱，不加钱就不走了”的情况。另外，景区里那些“骑马”也不简单，论时收费被绕上几个小时不说，半路遇见加收“牵马”费，也挺恼人。

攻略：首先要学会充分利用公交车、旅游专线巴士、机场巴士、地铁等公共交通资源。在有条件的情况下，最好别坐黑车，尤其是三轮车和两轮摩的，避免被“宰”。另外，坐黑车时安全难以有保障，而且出了问题，也会出现无处伸冤的局面。到了一个新地方，买一份交通图或旅游地图可以让你少走一些“冤枉路”，问路时，最好选择当地老年人或者带着小孩的妇女。建议不要让小酒店或客栈服务员帮你叫车，说不定会叫来跟他们有利益关系的车辆。

旅游旺季，想要打到出租车也不容易。如果司机非要议价，也可以装作一副对当地交通非常熟悉的样子，这个前提是出发前在网上做好出游功课，或打车前用手机查询一下具体里程、行走线路等情况或价格信息。这样可以让自己的出行少付费用，也能最大程度避免司机绕路乱收费的情况。另外，议价时还要明确告诉出租车司机，需要提供正规出租车发票。因为一旦出现价格纠纷或物品遗失车上，还可以通过出租车发票上提供的信息进行投诉或寻物。

包车时，如果能与人拼车最好，不但能分担包车费用，还能找个议价的帮手。如果搭车伙伴是个“五大三粗”看起来比较威武的那就再好不过了。出发前，一定要多次和司机确定行程起始地和价格，遇见“用方言傻傻说不清楚数字”的司机，干脆把价格和要到的地方写下来，再进行商议。

游——便宜真的没好货

在游览过程里遇见寺庙是再正常不过的事情，不过去这些清净的地方，说不定也有不少骗局。至于那种便宜得有些离谱的路线团，你最好别贪便宜，买的总没有卖的精。过分的低价带来的只会是质量下降的服务和变相消费。

陷阱：烧香、许愿之后，有好心人带你去见高僧或活佛说法、看相，说不定就得花上不少的“吉利钱”给自己消灾避难，或者以“抽签、解签”为由等被邀请到某个角落，支付高额烧高香、诵经保佑等费用。

攻略：“开光费”有可能让你花费几百元，一炷香有可能让你掏上千元，功德箱有可能让你捐几千元，其实，旅游景区拜佛也是有学问、有讲究的。在正常情况下，真正的寺庙和僧侣，是不会强迫你捐钱或者烧香的。

购——别贪“小便宜”

购物是出游人必备的任务，给家人亲戚朋友带些当地特色的小物件是人之常情。有些人认为自己捡到便宜，买了大量的莫名其妙的东西，回到家才后悔不迭。

陷阱：有组织的购物，应该是旅游环节里最坑人的地方。迷迷糊糊地遇见懂行的“好心人”，在他的“指点下”，买到一堆稀有药材或神奇保健品，带回家才反应过来根本不敢吃。古人云“黄金有价玉无价”，反正你也不懂玉石，给你随便打个折，就能让你觉得捡了个“大便宜”，运气好的，只是多花了点钱；运气不好的，说不定买到的是“纯人工合成”的“宝贝”。

攻略：有组织的购物，通常都会带游客去一些货物标价虚高、以次充好的商店。在这种地方购物时最好货比三家，辨析真伪后，再以合适的价格购买。

遇见自己不懂，价格比较昂贵的物品更要谨慎、理智购买。其中以玉器、贵金属、珠宝、药材、保健品等为主，另外标榜“当地特色”的土特产品等，最好也货比三家，有时间的情况下，到当地大型超市购买为好。

娱——小心哑巴吃黄连

人妖表演、激情舞蹈，还有那些标榜着“地方特色婚俗体验”的项目，看看就可以了，最好别去参加，小心被“宰”。

陷阱：总会有各种噱头让你去寻找旅途里的刺激点，艳舞表演还免费送桑拿和保健，接下来很有可能升级为一场有预谋的敲诈。遇见这种情况，你只能是哑巴吃黄连，有苦也无处申诉。这些人抓住了游客“不敢声张、花钱消灾”的心理，试图敲诈勒索。

攻略：在一些少数民族景区，会设置一些如“抢新郎”、“入洞房”之类富有“地方风情”的活动，不要去接受当地姑娘的“婚约”，要赶紧走人，避免被敲诈。

⊙ 旅游防盗要领

出门旅游安全第一，防盗意识不可松懈，其实防盗的重点保护对象依次是钱、财、证件。

1. 身边只带少量现金，外加一张灵通卡和一张邮政卡，随取随用。皮夹里只放零钱，并用细绳和回形针连在裤袋上。

2. 背包和外套上衣袋、后面的裤袋容易遭窃，游览时随身需用的零星物品（包括手机），最好放入系在身前的腰包里。

3. 必须随身带的身份证、银行卡、驾驶证、边境通行证等证件，要放在内衣口袋里，并且用别针别上。

4. 出门旅游不必戴钻戒、金项链、玉手镯之类的贵重首饰。

5. 贵重物品，如摄像机、高级照相机要挂在胸前或提在手里，不论在车船途中还是在景点、饭店里，特别是在公共厕所，不要离身。

6. 不住嘈杂的小旅店，住正规标房。入住时要检查门锁和窗户的安全性，以防被窃，最好观察好逃生路径，睡前将物品收拾整齐。

7. 购票、购物、办理入住及退房手续时，行李要放在身边；乘车船时行李至少要放在目视范围内。

8. 不在人多处逗留过久，不在摊贩前纠缠，不与陌生人搭讪，尤其要回避兜售“便宜货”、纪念品、分发广告的未成年人；夜间不单独出门或单独坐出租车。

9. 饮酒有度，白天不喝酒；不抽陌生人的烟，不吃陌生人的东西，在公共场所必须保持头脑清醒。

⊙ 春季出游注意事项

1. 春游都会遇上低温阴雨、浓雾、强对流天气以及雷电的气候状况，所以要注意穿着适当。一般来说，一定要提前取得旅游目的地的气候资料，记得随身带件保暖的外套。

2. 雨具是春游必备之物，最好带一把折叠伞或一次性方便雨衣。

3. 鞋一定要舒适，女士出游不要穿高跟鞋。如果走得脚部红肿了，就在临睡前用热水泡泡脚，加快血液循环，从而消肿。

4. 春季是一个潮湿的季节，蚊虫和细菌特别容易滋生，因此应尽量避免饮用生水和吃不卫生的食物。

5. 在旅游景点和风景区参观、旅游时，尽量避免接近动物。因为研究发现，不少疾病都与动物传播有关。

6. 若有晕车、晕船、晕机的病史，出游前不应吃得太饱，应预先服用晕浪片等药物或不停咀嚼口香糖和含葡萄糖的食物，挑选一个通风透气的位置坐，如感觉身体不适应马上进行处理。

7. 春季在出外旅游之前，最好先检查一下相机的性能，电池要充满电，千万不要让相机受潮。

8. 登山下坡，切勿迎风而立，避免着凉。

9. 春游时，如在外野炊野餐烧烤，要注意风向，不要随便丢弃火种，余火要熄灭，以免引起火灾。

10. 不要坐在阴凉潮湿的地方，以免受潮致病。

11. 晚上睡觉前要开一会儿窗户，保持室内空气流通，空气清新。

12. 有过敏病史的人，应尽量回避有花的春游地点，也可事先口服扑尔敏或安其敏等抗过敏药物，预防花粉过敏。

13. 出游时可以随身携带一些旅行须知之类的小册子，里面有关出行卫生方面的知识，可供在不能及时联系到医疗单位时参考。

⊙ 夏季出游注意事项

充分准备，制订周密计划 为保证出游质量，在出游之前，“驴友”们应注意制订周密的计划，按计划出游，少走冤枉路，少花冤枉钱。如果是跟团要逐条看清合同条款，明确是否有旅游保险保障。

安全饮食，切忌暴饮暴食 享受当地美食是出游一大乐趣，但高温出游要预防病从口入，多吃清淡食物，忌暴饮暴食，以免生病，影响出游质量，特别要注意饮食禁忌，比如吃海鲜后不要喝冰啤、冷水等。

天气炎热，注意预防中暑 天气炎热，极易中暑，应提前准备好消暑药品，但重在预防；外出应多穿浅色衣服，尽量避免在烈日下活动，戴上遮阳帽、打伞和戴墨镜；中午多休息，多在早晨或下午三四点钟后活动，多喝淡盐开水补充体内失掉的盐分。

注意休息，预防“空调病” 天气热，体力消耗更大，要保证足够的休息，睡觉时最好不要整夜开着空调，温度不宜过低，以免受凉。

注意安全，防止财物被盗 外出旅游，安全第一。首先要注意人身安全，不要去危险区域，要在指定的旅游区活动；还要注意证件、手机、钱包的安全，钱包不要放在易取出的地方，行李要安置妥当。

保障安全，上份旅游保险 旅游保险具有保费低廉、保障性高的特点，出游前别忘给自己添置一份旅游保险，给自己和家人添加一份安全保障，以应对意外情况的发生。

⊙ 秋季出游注意事项

秋高气爽，气候宜人正是出游的好时机，不过在出游前一定要做好充足的准备工作，这样才会有一个愉快的旅行。需要准备的物品有以下几种。

外套： 秋季气温变化大，多带件外套防止着凉。

零食： 秋日活动一般运动量比较大，人更容易感到饥饿、体乏，因此要带上含有足够热量的零食，如巧克力、去皮花生等，既可消遣，又可以补充体力。

水：记得带水，但不需要太多，以既可解渴又不构成旅途累赘最好。

外伤药：如简单的创可贴、药用酒精棉球、消炎粉等简单的急救药；有小朋友随行的，一定要带上些儿童感冒药，以备不时之需。

日常用品：除了日常用到的一些用品，一定要有面巾纸、湿纸巾，虽然已经到了秋季，但爱美的女性朋友还是可以擦些防晒霜，毕竟旅游时要一直置身于户外。

为了解闷，可以带个iPad。另外，如果你想拍照留念的话，数码相机是必备物，别忘了带上充电器或备用电池。

⊙ 冬季出游注意事项

冬季到北方旅游必须做好几个方面的准备工作。要穿保暖的服装，保护好自己的皮肤和眼睛，鞋子要防滑，带上一些必备的药品。

保暖，冬季旅游第一要务 冬季去北方旅游首先要保护好自己的身体不被冻伤，羽绒服、保暖服装、帽子、围巾、手套、鞋袜都要精心准备好。

对易于发生冻疮的手、脸等部位要抹防冻油膏等护肤品，要经常活动或按摩，以增加皮肤裸露部分的血液循环。服装上，要选择能将自己包裹起来的服装，减少皮肤暴露的部位。要学会用服装建起御寒屏障，最外层的衣服应有防风性，可选呢绒、毛皮或皮革质地的服装。羽绒服保暖性很好，是冬季旅游的首选服装。到了北方之后，很多人都会尝试户外滑雪溜冰，这时服装的选择要领是保暖、防风、轻便、紧口、颜色深一些(忌穿浅色服装)。外裤以训练裤最为适宜，它既能防风防水又比较透气。内衣要注重柔软、吸湿和透气性。

人体热量大部分是从头部和颈部散失的，所以在寒冷的地方要注重头部、颈部保暖，帽子和围巾就是很好的选择，寒冷和风大的地方最好戴上有护耳的帽子。手套要选择保暖、防风、防水和耐磨的。

安全、护眼、防滑要注意 北方白茫茫的雪地对阳光中的紫外线吸收少而反射强，当强烈的紫外线长时间射入旅行者的眼睛时，眼睛就会出现严重的畏光、流泪、有异物感，甚至睁不开、有强烈的烧灼感和剧烈疼痛等，医学上称为雪盲。因此，出门时需戴太阳镜，以保护眼睛。

冬季出游一般穿登山鞋，若到北方旅游，则最好穿高筒防滑雪地棉鞋，不要穿皮鞋，因为冬季北方路面多有冰雪，路面较滑。同时为了防止湿脚难受最好多带两双袜子和鞋垫。

寒冷的环境中，人们容易患病，所以冬季到北方旅游多准备一些药品以备不时之需，特别是感冒药，是北方之行的必备药物。

⊙ 孕妇旅游注意事项

孕妇出行需要制订合理的旅游计划，不要过度疲劳，要让身体得到充分的休息。行程紧凑的旅行团不适合准妈妈参加，定点旅行、半自助式的旅行方式则比较适合。此外，在出发前必须查明旅游地的天气、交通、医疗与社会安全等状况，若对此不了解，不去为宜。

途中要有人全程陪同 准妈妈不宜独自出游，与一群陌生人出游也不恰当。最好是丈夫、家人或姐妹等关心、爱护你的人在身边陪伴，这样不但会使旅程较为愉悦，而且当你觉得累或不舒服的时候，他们也可以照顾你，或视情况改变行程，使旅行更为安全。

运动量不要太大或太刺激 运动量太大可能导致流产或过早破水。太刺激或危险性大的活动也不可参与，如过山车、海盗船、自由落体和高空弹跳等。

做潜水运动时，潜水不要超过18米深。冲浪、滑水能免则免。

携带必备药品 每个旅行者都要准备些药品在身边，孕妇除了遵守以上的规则外，还要考虑药物的安全性，出发前请教一下产检医师是很有必要的。另外，准备一些抗腹泻药、抗疟疾药及综合维他命药剂，也是非常必要的。

⊙ 孕妇旅游的衣食住行

衣：衣着以穿脱方便的保暖衣物为宜，如外套、围巾等，以预防感冒，若目的地天气较热，帽子、防晒油、润肤液则不可少，平底鞋比高跟鞋方便，必要时托腹带与弹性袜可以减轻不适，多带些纸巾和内裤备用。

食：少吃或不吃生冷、不干净或不习惯的食物，以免出现消化不良、腹泻等情况。奶类、海鲜等食物易腐坏，若不能确定是否新鲜，不食为宜。适量吃水果，多喝水。

住：避免前往岛屿或交通不便的地区，蚊虫多、卫生条件差的地区更不可前往，传染病流行的地区则应避免。

行：坐车、搭飞机一定要系好安全带。要先了解一下离你最近的洗手间在哪里，因为准妈妈容易尿频，而且憋尿对准妈妈是没有好处的，最好能每小时起身活动十分钟。不要搭坐摩托车或快艇，登山、走路也要注意，不要太费体力。

⊙ 带宝宝出游注意事项

带宝宝做长途旅行时，在出行前应该做好以下准备。

宝宝多大才宜出游 通常不足1岁的宝宝不适宜远游，因为他还不会走路，父母抱着他长途跋涉很不容易。更重要的是，宝宝还小，抵抗力很弱，在途中得病是件很麻烦的事。

提示：一般情况下，1～3岁的孩子应选比较近，乘车4小时就能到达的景点；3～6岁的孩子可以选择远游，不过也不宜长时间乘车。

带宝宝宜去哪儿玩 带宝宝出游，不同于成人旅游，要根据自家宝宝的特点，选择适合他、并让他感兴趣的地方，如动物园、植物园、海滨等。对宝宝来说，最好到一个地方能住上两三天，不宜参观太多景点。因为宝宝过度劳累会使他感到身体不适，甚至患病。

提示：家庭旅游的目的，是让宝宝有机会在游玩中发现新鲜事物，得到成长的经验或生活的启示。要尽量将旅游的目的简单化，别要求宝宝从旅游中学到许多东西。只要宝宝能身心放松、快乐，与家人学会沟通，增进了解就行了。

如何使旅程更轻松 一般对于较短的旅行，可以把路上的时间安排在晚上或者宝宝睡觉的时段。有的宝宝在汽车、火车、飞机上睡得很好，然而醒来却会因为空间狭小而不停地烦扰妈妈，那么搭乘飞机或乘车的时间最好选在宝宝容易睡着的时候。此外，为了增添旅游的乐趣和方便“认人”可以考虑穿“家庭装”，或者是全家着同一色系的衣服，这样会让宝宝感到有趣而好玩。

提示：旅途时间长了，宝宝通常会感到无聊。不要等到他闹起来后才设法使他安静，不妨事先准备几样可爱的小玩具，在途中不时地送给孩子，还可以跟他玩些小游戏，让孩子在整个旅途中都有所期盼，既开心又可以加深记忆。

如何使旅程既安全又愉悦 出门在外，宝宝是重点保护对象，宝宝高兴能给全家人带来极大的欣慰。如果不想玩过头就事先制订个简单的旅行计划，合理安排时间。而且在游玩时，父母要随时关注宝宝的情绪、状况。到了目的地，要对房间做必要的安全检查。

提示：在人群拥挤的地方，要小心看护宝宝，不要离宝宝太远，以免走失或摔伤。在宝宝的衣服口袋里最好放一张写有宝宝姓名、父母姓名、联系电话及酒店地址的信息卡片，以防万一。

⊙ 老年人旅游注意事项

临行前要体检 老年人旅行前要对自己的身体进行一次全面的检查，包括血压、心率、消化系统等，征得医生同意后，方可前往。出发后一旦感到不舒服时要及时向随行团保健医生求助，最好结伴旅行，有人互相陪同照顾。出游的老人最好随身携带个人资料卡，上有如简单的病史介绍及家人联系电话等信息，一旦在途中出现病情，可缩短诊断时间。

携带常用药物 虽有随行医生，也要随身携带一些常用药物。除携带平时服用的药物如降压药、扩血管药外，还应根据自己的身体情况备个急救药盒，盒内装速效救心丸、复方丹风生滴丸、硝酸甘油、保济丸、安定片、创可贴等常用药物。若晕车船，还应带上防晕药。

携带常用物品 手电筒、水杯、双肩背包、洗漱用品和拖鞋是老人旅行途中必备的物品。

携带日常衣物 对于要带的衣服，请选择那些在各种场合都可以穿的。最好带上一件风衣，既可以防风挡小雨，也可以保暖，而且比较容易干。选择携带一件宽松、易脱易穿的服装，还应携带宽松、轻便、不磨脚的鞋子，方便走路。

防止受凉感冒 春秋旅游旺季，气候多变，故春游不减衣，还要带上雨具，以防受凉。秋天早、午、晚温差大，老年人机体免疫与抗病能力下降，应随气候变化增减衣服。

饮食要讲卫生 旅途中不食用不卫生、不合格的食品和饮料，不喝泉水、塘水和河水。自备餐具和水具，既方便又卫生。

避免过度疲劳 老年人长途旅行最好坐卧铺或飞机。游览时，行步宜缓，循序渐进，攀山登高要量力而行，以免劳累过度，加重心脏负担，心肌缺血缺氧。早晨如身体不适，尽量留在酒店休息，不要勉强游玩。

住处舒适安静 为保证每天6～8小时的睡眠，住宿条件不求豪华，但求舒适安静，与陪同人或旅伴在一个房间，便于照顾。

其他注意事项 ① 列车上打开水时注意火车晃动，避免烫伤。下站台后注意火车开行情况。② 要随身携带老年证、身份证、离休证，可以减免门票。③ 乘坐旅游车时不要争抢座位，大型旅游车前后都很舒适，座位不要变换。④ 游览时与队伍走失应尽量站在原地等候或拨打胸卡上的应急电话，还可求助于景区管理人员，一定不要自己乱走。⑤ 入住房间后要检查房间用品是否齐备，浴室有没有防滑垫，冷热水开关的位置，以免烫伤滑倒。⑥在自由活动时间，老人不要单独行动，最好多人同行，可以互相照顾。⑦ 关于购物，到一个新的地方，买一些特产和小玩意作为礼品，至少可以令你觉得不枉此行。

⊙ 乘坐邮轮旅游注意事项

选择合适的航线 出行前要选好航线，因为不同海域在不同时间的天气情况差异很大，这也直接导致了海上是否有风浪。在选择航线时，可以咨询旅行社的工作人员。

船上消费事先问 豪华邮轮不是一张通票就能通吃通喝。邮轮报价的明细会明确服务项目和收费标准。舱位不同，获得的服务也不尽相同。在邮轮上消费时，最好事先问清楚。

坐邮轮要带什么 有效签证的护照（如果要路过香港和澳门，还要有港澳通行证和有效签证）、几套舒适轻便的衣服、几双软底鞋、沙滩鞋、泳衣、太阳镜、大草帽、防晒霜等。如游泳，还要带上一件在游泳时能够随时脱穿的衣服。高级别的邮轮通常会举办船长晚宴，因此可视情况带一套较正式的服装。

另外还需要保留好邮轮登船卡，上面显示着你所搭乘的邮轮名称、邮轮出发日期、英文姓名、用膳餐厅名称、用膳梯次、餐桌号码、船舱号码及旅客记账代号等，这张邮轮登船卡是旅客的识别证，在登船、下船和就餐时都会用到。

⊙ 乘坐飞机注意事项

1. 旅客购买好或拿到预定的机票后，请注意查看航次、班机号、日期是否正确，如有问题应立即去售票处据情解决。

2. 旅客按机票上指定的日期、班次乘坐机场巴士或自驾去机场。需要提前到达机场，以便有足够时间办理乘坐飞机前的各种手续（如检查证件、安全检查等），免得由于时间仓促造成漏机或误机。

3. 乘坐飞机时尽量轻装，手提物品尽量要少，能托运的物品最好托运。一般航空公司规定手提物品不得超过5公斤。随机托运行李一般头等舱30公斤、二等舱20公斤以内免费，超过部分付超重费。

4. 登机前，机票应交航空公司检验。随机托运的行李要过磅，并将重量添到机票上，航空公司撕下由其乘运段的一联后，将机票与行李卡、登记卡一并交还乘客。乘客凭登记卡上下机，凭行李卡到目的地机场领取行李。直接托运的行李，在换班机时，应去检查一下，行李是否转到换乘的班机上。

5. 上下飞机时要向站在机舱口的航空小姐简单打招呼或点头致意。

6. 随身物品可放在头顶上方的行李架上。有的物品也可以放在座位下面，但注意不要把物品堆放在安全门前或出入通道上。

7. 座位顶上和上方有聚光灯和招呼招待员的按钮，有事可按此钮呼叫招待员。

8. 飞机起飞和降落时不要吸烟，不要去厕所，要系好安全带，座椅要放直。

9. 晕机者可在起飞前半小时服用乘晕宁，一般座椅背兜中备有清洁袋。将呕吐物吐在袋内。

10. 飞机上备有酒水、茶点、食品、早餐、正餐等，均为免费供应。但是大部分航空公司飞机的二等舱供应的烟酒（包括啤酒），要支付现金。

11. 飞机上备有各种文字的报纸、杂志，供旅客阅读，乘客可向乘务人员索取。

12. 飞机中途着陆加油时，乘客一般可下机休息。重要小件物品要随身携带。注意：不得随意离开过境候机室，以免误机。

13. 到达目的地之前，飞机通常广播地面的天气情况，下机时可参照穿着。特别是去热带或寒带地区，注意增减衣服。

14. 如遇天气不好，改乘其他航班的状况，不要慌张，一切由航空公司负责。

15. 办完入境手续即可凭行李卡领取托运的行李。很多国际机场有行李传送带和手推车，旅客自己取行李推出机场即可。

16. 乘飞机时万一丢失行李，不要慌张。可找机场行李管理人员或所乘航班的航空公司协助寻找。一时找不到，可填写申报单交航空公司，航空公司会照章赔偿。

17. 旅客不要随意触动飞机上的设备。包括各式各样的灭火装置，安全设施，紧急制动阀、钮等。

⊙ 乘坐飞机十大安全守则

1. 选择“直飞班机”。统计数据指出，大部分空难都发生在起飞、下降、爬升或在跑道上滑行的时候，减少转机也就能减少飞行事故。

2. 选择至少30个座位以上的飞机。飞机机体越大，受到国际安全检测标准也越多、越严，而在发生空难意外时，大型飞机上乘客的生存概率相对较小飞机要高。

3. 熟记起飞前的安全指示。机型不同，逃生门位置也不同，乘客上飞机之后，应该花几分钟时间仔细听清楚空服人员介绍的安全指示，如果碰到紧急情况，将不会手足无措。

4. 有些乘客喜欢把大件行李带上飞机，这是不符合飞行安全要求的。如果飞机遭遇乱流或当紧急事故发生时，座位上方的置物柜通常承受不住过重物件，乘客会被掉落下来的行李砸伤头部，严重的甚至导致死亡。

5. 随时系紧安全带。在飞机翻覆或遭遇乱流时，系紧安全带能提供给乘客多一层的保护，使其不至于在机舱内四处碰撞。

6. 意外发生时，一定要听从空服人员的指示，毕竟空服人员在飞机上的首要任务，就是维护乘客的安全。

7. 不要携带危险品上飞机。

8. 咖啡、热茶等高温饮料，应由受过专业训练的空服人员为乘客提供，乘客自己拿这些高温液体经常会被烫伤。

9. 不要在飞机上喝太多的酒，由于机舱内的舱压与地面上不同，过多的酒精将使得乘客在紧急时刻应变能力减缓，丧失逃生的宝贵机会。

10. 随时保持警觉。飞行安全专家指出，意外发生时，机上乘客应该保持冷静，在空服人员的指示下尽快离开。

⊙ 旅客误机应该怎么办

一旦误机，要在原订航班起飞后第二天12时以前到最近的民航售票处做误机确认，然后根据自己的需要进行相应变更。

如果在误机后，还需继续旅行，一部分民航公司可免费改签后续原承运人承运的航班一次，如果改变承运人，则按误机规定退票后重新购买。

如果误机后决定取消旅行，或临时有事走不了，可到原始售票处办理退票手续，但要支付一定的退票费。

退票时，必须持本人及经办人有效身份证件，凭客票或客票未使用部分的“乘机联”和“旅客联”到原购票的售票处办理退款手续。

⊙ 乘坐索道安全须知

1. 乘坐客运索道时要认准“安全检验合格”标识，不要乘坐超期未检的客运索道。

2. 乘坐前要仔细阅读“乘客须知”。

3. 心脏病、高血压、恐高症的患者及精神不正常者请不要乘坐。年老体弱、行动不便者及未成年人乘坐索道必须由他人陪同。

4. 听从工作人员的指挥，在客运索道车厢内，请坐稳扶好，不要嬉戏打闹，不要将头、手伸出窗外。

5. 严禁摇摆吊椅吊篮，严禁站立在吊椅吊篮上或蹲在座位上。

⊙ 乘坐地铁注意事项

1. 上车后要坐好，站立时要紧握吊环或立柱。

2. 列车运行过程中，请勿随意走动，以免发生意外。

3. 禁止倚靠车门，并确保手和手指远离车身与车门之间的空隙。

4. 若感身体不适，请在下一站下车，或向车站工作人员求助。

5. 列车迫停，不要惊慌，等候地铁工作人员的安排；按工作人员的引导，离开现场。

6. 地铁站、车内发生意外情况时，要服从工作人员的指挥。

7. 在列车内发生紧急事件时，请要保持镇静，听从工作人员的指挥，必要时使用车厢内的对讲系统与司机联系。

⊙ 山区旅游注意事项

1. 轻装上山，少带行李，以免过多消耗体力，影响登山。

2. 山区气候变化很大，登山时要带雨衣，下雨风大，不宜打伞。

3. 雷雨天气不要攀登高峰，不要用手扶铁链，不宜在树下避雨，以防雷击。

4. 山上夜晚和清晨气温较低，上山可带一件绒线衫或者一件厚外套。

5. 登山以穿登山鞋、布鞋、球鞋为宜，穿皮鞋和塑料底鞋容易滑倒。为安全起见，登山时可买一竹棍或手杖。

6. 山高路陡，游山时以缓步为宜。为安全起见，一定要做到“走路不看景，看景不走路”。边走边看比较危险。

7. 游山时应结伴同行，相互照顾，不要只身攀高登险。

8. 登山时身略前俯，可走“Z”形，这样可轻松上山。

9. 上山时要带足开水、饮料和必备的药品，以应急需。

10. 尽量避免天未亮时登山。清晨气温低，室内外温差大，受到空气的刺激，容易诱发心脏病和高血压，尤其是老年人一定要注意，最好早饭后天亮时再爬山。

11. 下暴雨时，山洪来势很猛，速度极快。因此，在下雨前夕，不宜在河中游玩，以免发生意外。

12. 在高峻危险的山峰上照相时，摄影者选好角度后不要移动，特别注意不要后退，以防不测。

13. 风景区内竹林、奇花、异草、药材、茶叶很多，这些都是国家和人民的财富，不要去破坏。

14. 景区建筑物、古迹很多，不得在任何建筑物、古迹、岩石、竹木上题字刻画。

15. 为防止火灾，景区沿途均实行定点抽烟。在吸烟时应自觉将烟头、火柴杆熄灭，不可随意乱丢。

16. 为了保护景区的清洁卫生，也为了所有人的安全，不可随地乱扔垃圾、废物。因为垃圾容易引起山火，也可能在大风天气伤害到游客及山区居民。

17. 对于山中不知深浅度的水潭，不要下去游泳，以防发生危险。

18. 下山一定要控制住自己的脚步，切不可冲得太快，否则很容易受伤。

⊙ 登山注意事项

做好伸展运动 在登山之前做一些热身运动是很必要的。10~20分钟的肌肉伸展运动，可放松全身肌肉，攀登时会觉得轻松许多。

增加弹跳动作 向上攀登时，在每一步中都有意识地增添一些弹跳动作，不仅省力，还会使人显得精神，充满活力。

别总往高处看 登山时不要总往高处看，尤其是在登山之初，因为你的双腿还没有习惯攀登动作，往上看往往使人产生一种疲惫感。一般说，向上攀登时，目光保留在自己前方三五米处最好。

转移注意力 不要急于爬上山顶，不慌不忙地走走停停才能体会到爬山的乐趣，才不会错过美丽的风景。在疲惫时，可以多欣赏一下周围的景色，也可唱唱歌，转移一下注意力，倦意也会随之消减。

⊙ 海滨旅游注意事项

1. 海滨旅游一定要带上防晒用品。其中墨镜、遮阳伞、防晒霜是必需品。

2. 海鲜切不可过量食用。吃海鲜一小时内不要食用冷饮、西瓜等食品。吃完海鲜后不要马上去游泳，游泳后也不宜立即食用冷饮、西瓜、海鲜等食品。

3. 晚上睡觉注意保暖，以免受凉引起腹泻。

4. 参加高速摩托艇、水上飞机、高速游轮活动的游客要听从工作人员的安排，并穿好救生衣，落实各项安全措施，切忌麻痹大意。

5. 携带儿童的游客，参加水上活动时应照顾好自己的孩子，不要让他们独自活动。

6. 购买海边特产贝雕、珊瑚盆景、珍珠时一定要仔细鉴别真伪，也要讨价还价。

7. 尽量避免单独出行。同行人员手机、房间号必须记住。自己下榻酒店名称、位置也要牢记。

8. 照相机、摄像机、电池、胶卷、带子、充电器要准备充分。在海边沙滩上游玩，注意不要让细沙或海水进入照相、摄像设备。

9. 必须保管好自己的证件、钱币及其他物品。

⊙ 冰雪旅游注意事项

备齐防寒衣物 北方冬天气温很低。旅游时应备羽绒衣(最好是连帽子的款式)、高领厚羊毛衣、羊毛裤、羽绒裤、手套等。若前往秦岭、长江一线以北，则需考虑穿高筒雪地鞋，不可穿皮鞋。

注意防滑 冬季北方路多有冰雪，路面较滑，最好穿雪地防滑棉鞋或球鞋。

防止掉进雪坑 在林海雪原，原有的路大多被雪覆盖，在不清楚路况时，不可贸然前行，需找树干当杖探明深浅后方可前行。若不幸掉进雪坑，千万不能挣扎，应等待救援。

汽车防滑 遇路面有冰雪，需给车轮套上防滑链。

汽车防冻 北方冬季大多在0℃以下，汽车夜间熄火时，顺便要把水箱里的水放干，否则经一夜霜冻，水会结冰，或者要将水换成“不冻液”。

给照相机保暖 电子快门的照相机或摄像机，在-20℃以下时，电池易“放电”，导致快门不能按下。因此，在户外拍摄完后，要及时将相机放进衣服里面“保暖”，用时再拿出来。

备用药品 冬季寒冷易感冒，出门旅游要备羚羊感冒片等治疗伤风感冒的药品；北方人爱吃凉菜，不习惯者易“闹肚子”，需备黄莲素等止泻药品；北方较干燥，需备夏桑菊、金菊等清热冲剂。

防雪盲 北方冬季多积雪，雪的反光较大，出门需戴太阳镜，以保护眼睛。

⊙ 沙漠旅行注意事项

1. 进入沙漠乘坐越野车进行沙海冲浪时，应系好安全带，双手紧握车内扶手，目光尽量直视前方并听从驾驶人员的安全提示。

2. 沙漠地区夏秋季节白天阳光照射强烈、夜晚气温则下降很快，所以夏季出行应选择长袖吸汗衣物，并带防晒霜、护唇膏、太阳镜、遮阳帽等物品，秋季夜晚需增添衣物以防着凉。

3. 行走于沙漠中，最好穿一双轻便透气性好的高帮皮鞋，以免沙子进入鞋内影响行走。另外，夏季的正午是不宜徒步的，因为沙漠表面温度很高，容易中暑。

4. 进入沙漠地区后，要常喝水并多吃水果，吃完水果不宜喝热茶，以免腹泻。进入沙漠地区前要备好常用药品，如眼药水、抗菌消炎药、晕车药、感冒药和治疗肠胃不适的药物等。

5. 遇到紧急或意外情况，不要慌张，要正确判断方向。如果判断不了，就在原地等待救援。

6. 大漠的日出与晚霞适于拍摄，但要注意在不用拍摄设备时，务必将其包好，以防沙粒进入损坏相机。

7. 不要破坏沙漠中的各类植物，它们对于维护沙漠生态有着不可轻视的作用。

8. 徒步在沙漠探险时，要提前准备好野营装备和用具。当然，最好有专业人士帮您搭建帐篷，同时要注意和向导充分沟通。

9. 沙漠旅游的最佳季节在每年的4月中旬至10月下旬，徒步进入沙漠探险的最好季节在9月~10月。

10. 万一在沙漠中遇见沙暴，千万不要到沙丘的背风坡躲避，否则将有窒息或被沙暴埋葬的危险。正确的做法是把骆驼牵到迎风坡，然后自己躲在骆驼的身后。

11. 不要忘记沙漠也是地球的一部分，在沙漠中也要有环保意识，尽量把垃圾带出沙漠。

12. 骑骆驼时，当骆驼站起来和卧倒时要抱紧驼鞍或驼峰。平时不要靠近骆驼的后脚和头部，以防它踢人或喷人。长途骑骆驼要顺着骆驼的步伐自然骑坐，随时调整坐姿，并适时下来步行一段。

⊙ 西藏旅游必带的十大装备

背包：越“少”越好 在够用的前提下，去西藏旅行携带的行李背包越少越好。如果参与一些野外徒步野营活动，一大一小两个背包就足够了。

服装：越“暖”越好 因为西藏昼夜温差很大，所以羽绒服和保暖的绒衣必不可少。

睡袋：越“精”越好 7、8月份带一个1千克的鸭绒睡袋就足够了。建议购买含绒量80%以上的睡袋，压缩后体积与大瓶可乐相似。

鞋：首选登山鞋 去旅行当然需要一双好鞋，尤其是去西藏，最佳选择硬底高帮的登山鞋，不容易进沙粒，过泥泞地不易脱落，隔水和保暖效果也比较好。

太阳镜：不仅仅是酷 强烈的紫外线和冰雪反射都容易损伤眼睛，所以一副好的太阳眼镜十分重要。

防晒霜：避免脱皮必用 高原空气稀薄，太阳直射。防晒霜可以避免被晒伤。

旅行水壶：生命之源 高原上往往几十公里无人烟，而西藏的水较纯净，有的可以直接饮用。所以随身带个水壶很有用。

地图、指南针：护身符 万一迷路，它们能为游客指引前进的方向。

罐装氧气：标准配置 高原反应的基本成因就是缺氧，带上两罐氧气以备不时之需。

药品：一样也不能少 治外伤用的云南白药、正红花油、创可贴、红药水，治喉咙发炎用的草珊瑚含片，清热消炎的板蓝根冲剂，消炎药，这些药物都要带上。

⊙ 新疆旅游当心四大问题

天气突变 新疆昼夜温差达到10℃～15℃。山上山下温差也很大。到新疆旅游既要多喝水防暑，又要带上厚衣服，防备山区天气突变。

饮食禁忌 新疆是瓜果之乡，外地游客在新疆可大饱口福，但是不要吃完葡萄等水果后就立即喝热茶或凉水，以免造成腹泻不止。

备用药物 新疆地域辽阔，有时需要花费较长时间才能到达目的地，中途甚至连个小镇都难碰到。因此，旅游时最好自备一些预防感冒、晕车、抗过敏的药物。

民族禁忌 在新疆游览时，一定要入乡随俗，清真寺内严禁拍照，在其他地方拍照取景前也要经过对方的允许方可拍摄。

⊙ 内蒙古草原旅游十项注意

1. 早晚温差大，到草原旅游一定要带外套和长裤。同时，由于天气变化无常，要准备防雨衣物。

2. 由于地处高原，日照时间长，光线较强，需要准备遮阳帽、太阳镜、防晒霜等。

3. 在草原上住宿，夜晚难以辨别方向，带上手电筒是必要的。草原面积很大，外出时要结伴同行，小心迷路。

4. 在草原上住宿，要自备洗漱用品、拖鞋。

5. 参加草原各项活动时，要特别注意安全，尤其是骑马等活动。

6. 初来乍到者有时难以适应草原上的饮用水，有必要准备一些矿泉水。

7. 有大片沼泽地的草原，游客要特别注意，不要随便进入，以免发生危险。

8. 注意保护生态环境，不吃野生动物，不采摘野生花卉。

9. 在草原上开车、骑马要在指定范围内，以免迷失方向或破坏草场。

10. 午餐尽量不要喝酒（尤其是想参加骑马活动的游客），避免影响下午的活动。在草原用餐饮酒时，可尽量多吃些羊肉或多喝奶茶、砖茶帮助解酒。

⊙ 森林旅游十项注意

1. 注意选择有接待能力的森林公园为主要目的地。这些森林公园有较为完善的基础设施和接待服务设施。

2. 注意搞清目的地最佳旅游季节。一般来说，北方森林公园的春、夏、秋三季，景观特色比较明显。尤其当地举行登山节、山会的前后时间，是最佳旅游时节。

3. 注意和他人结伴前往。单人行动有诸多不便利、不安全因素。

4. 注意精心选择游览路线。沿森林公园标示的游览道路行走或请导游带领，不要偏离主要道路。

5. 注意科学安排游览和住宿时间，争取日落之前赶至固定住宿接待场所。

6. 注意做好防止蚊虫叮咬、毒蛇猛兽袭击的准备。

7. 注意着装穿戴。鞋子要跟脚防滑，衣服要贴身，不要穿过于宽松的服装，避免滑倒和被树枝扯挂。

8. 注意携带必要的食品、饮料，不要随便采食野生植物，以防中毒事故发生。

9. 注意携带通信工具或简易报警器材(手电筒、哨子、喇叭等)，另外，还需携带上救急药品。在森林里一旦迷路，千万不要慌张，应找大路往山下走，如果没有大路，可沿溪水流下的方向走。

10. 注意森林公园的游览规定，不要随便狩猎、野外用火、采集标本、丢弃垃圾等。

⊙ 原生态旅游注意事项

1. 要注意野外环境的安全，包括地质灾害、河流、洪水、野生动物等。

2. 避免迷路，GPS、地图指南针都要有，另外自己可以从进入野外开始，就手绘路线图，必要的时候，可沿途做特殊指向标志，如在树木上刻标记。

3. 在正常计划外，要准备多出一天左右的应急食品，如牛肉干、葡萄干、压缩饼干、巧克力等。

4. 携带必要的急救和应急求生装备、信号装备等，如镜子、手电等。

5. 最好与向导和有经验的人同行并记下当地的求救电话。

6. 如遇险求救联系成功后，要尽量留在原地等待，如确有特殊情况需要离开，最好有人在原地接应，或者做明显标记指向离开的方向，并且要及时通知救援人员。

⊙ 徒步旅行的必备物品

额外的衣物 不要只图背包重量轻，背起来舒服，旅行者应额外带上一套替换的衣物，并保持干燥以备急用。

额外的食物 带上比原有计划多出一整天的食物和物品。

太阳镜 太阳镜对避免眼睛疲劳、头痛、强光下的眼部受损都是非常重要的。

小刀 一柄简单的口袋小刀是一件多用途的重要工具。

点火材料 在极度潮湿或寒冷的天气下，你需要点一堆火来保持正常的体温，以免冻伤。

急救用品箱 准备一个大小合适的急救用品箱，包括为大多数类型的户外运动准备的药品及应急用品。

手电筒和一套备用电池 手电筒和备用电池是任何旅行都需要随身携带的必备物品。

地图 一张最新的地形图是很重要的。

罗盘或指南针 在徒步旅行之前要学会正确使用它。

⊙ 自助游如何找到合适旅馆

对于自助游的旅客来说，找旅馆落脚是旅行中的头等大事。当你在一个完全陌生的地方下车后，最好不要跟那些为旅店拉客的人走，以免上当。但是自助旅行者背着沉重的行囊一家一家地去寻找旅馆，又太过艰辛。在此，介绍一下快速找到理想旅馆的方法。

网上收集资料 出发之前，可以上旅游目的地的官方网站或者大型旅游网站进行搜索，选择信誉好的客栈或者旅馆。对比它们的价格和设备设施，并记录它们的联络方式，最好提前4～5天进行房间预订。

下了车，到当地直接寻找 如果不想预订，不妨把多余的东西寄存在车站,只随身携带有效证件、相机、现金等贵重物品到当地直接寻找旅馆。途中见到外观合乎自己选择标准的旅馆一定不要进门询问价格，最好在门口打电话咨询，因为一些商家会因为你已经到店而天色已晚便抬高价格。如果对咨询旅馆的条件满意就住下，等洗完澡甚至睡足了觉之后再抽空去车站取自己的东西，这样就从容、舒服多了。

如果考虑价格因素，不要住在古城内 新城的旅馆往往比景区景

点的古城中的旅馆要便宜很多，并且新城宾馆中入住的人不是很多，可以给游人提供更加充足的选择余地。

⊙ 野外生存装备

背囊 背囊容量的大小与野外生存的天数有直接关系，一般不应小于50升。

绳索 纵横野外，最大的目的就是要走前人没有走过的道路，而有些地方根本就没有路，此时绳索就显得极为重要。另外，绳索在探险活动中还可以提供保护作用。

手表 野外生存用表除精确还应至少做到防水和具有夜光功能。

帐篷 在野外，帐篷的主要功能是防风、御寒、避免昆虫及小动物滋扰，保证使用者能够得到良好充足的睡眠，除此之外，帐篷还可以在空旷的野外为我们提供一个私密的空间。

水壶 水是生命之源，所以野外旅行时水壶是关键装备，水壶要重量轻、结实，最好还要环保。

药品 创可贴、清凉油、云南白药气雾喷剂、黄连素、人丹、镇痛药、抗生素、绷带等是必备的药品。

雨具 防水透气面料的冲锋衣最好，不要带很厚的橡胶雨衣。

太阳镜 在户外活动场所，特别是在夏天，光线强度超过人眼调节能力，戴上太阳镜，可以减轻眼睛疲劳或强光刺激造成的伤害。

游泳衣 若在旅途中有跳水活动，应带上全身型并且阻力小的泳衣。

登山鞋 登山鞋是专门为爬山和旅行而设计制造的鞋子，非常适合户外运动，具有良好的防水性和防滑性，野外旅行时要带上。

指北针 当我们在野外迷路时，指北针就派上了用场，在出发前，我们要掌握指北针的使用方法。

求生哨 在荒郊野外，遇险者如果采取喊“救命”的方式来引起救援人员注意的话，不到15分钟就会喊得声嘶力竭，而一个小小的塑料哨子，只要还有一点力气，就能吹响它，而且，在探查出路，寻找水源时，还可以用它按照事先约定好的哨间长短和不同组合进行联络。

望远镜 置身野外，观察野生动植物、寻找水源，判定行动方向等都少不了望远镜。望远镜能够让你尽情享受大自然的美景。

收音机 在野外，收音机可能是野外人员了解身后文明世界相关信息的唯一渠道，新闻和天气都应该是野外人员所关心的内容。午夜的帐篷内，收音机里传出的歌声，也许会令人终生难忘。

照相机（摄像机） 随着照相机（摄像机）的普及，大家都希望把野外探险的过程拍成照片或DV（数字化视频），以便日后同朋友们共享这段美好时光，出行前应确认照相机或摄像机电力充足，胶卷和摄像带有备份。

密封袋 不少户外用品生产厂家都会生产专用的密封袋，大小各有规格。遇到天公不作美时，潮湿的物件也可放在密封袋中。脏的衣服、换掉的袜子和内衣也用得着它，密封起来以免“串味”。

求生刀具 野外旅行时，一把求生刀具是不可或缺的。

通信工具 现在手机在我国已普及，但野外探险活动，活动范围多在人烟稀少的地区，手机信号未必覆盖得到，同时频繁地使用手机野外通信联络也不经济。建议考虑小型对讲机。

生火工具 野外用的生火工具主要是火柴或打火机，如果想要专业一点，就挑选野外防风打火机和野外防水火柴。

备用食品 野外活动的食品，应根据个人口味和具体行程来选择，这些食品不但要能果腹，还要为人体提供大量的热量，因在野外随时可能会发生意想不到的情况，所以备用食品是必不可少的。

电筒及荧光棒 野外生存用的电筒要求照射距离不小于50米，电池使用时间不小于5小时，电筒自身至少达到30米深防水，电筒还需配有备用灯泡。

头灯 伸手不见五指的夜晚，头灯的光亮能给人安全感。

以上就是野外生存活动常用的一些装备，其他还有地图、手套、针线、帽子、杯子、牙膏牙刷、梳子镜子、毛巾、垃圾袋、笔记本、笔等物品，集齐上述常用的一些装备，将会给旅行者带来一个愉快安全的旅程。

⊙ 自驾游的必备物品

必备一：文本类 身份证、驾驶证、行驶证、养路费及购置税、车辆使用税、路线地图、信用卡、保险费单、笔记本及笔等。

1. 身份证、驾驶证、行驶证等一系列与车及车主有关的证明材料对于出省自驾游来说至关重要，这些“合法证明”是顺利出行的必要前提，应在出发前认真查点清楚，以避免出行路上发生有碍出游好心情的纠纷。在出行前还应了解所去地区途中是否需要办理通行证，以免影响您的行程计划。

2. 路线地图：可不要小看地图的作用，关键时候地图是指路明灯，尤其是去您不太熟悉的地方，事先准备一张地图是很有必要的。

必备二：日用品类 适时衣物、遮阳帽、手套、适宜驾驶的软底鞋、雨具、照明用具、保温水壶及餐具、照相器材、洗漱用具等。

1. 照相器材：应在出游前检查电池电量是否充足，是否有备用电池及相应的充放电设备。

2. 随车所带的一切日用品切忌用硬壳的旅行箱来装运，以防发生不必要的损坏。

3. 照明用具：除了必要的充电式露营灯、汽化灯等基本照明工具之外，建议多带些荧光圈、蜡烛等营造气氛的小道具，为旅行增添情趣。

必备三：药品类 绷带、创可贴、消毒药水、消炎药、防暑和防晕车药、驱蚊虫药水等。

1. 所带药品都应注意查看使用期限，切勿使用过期的药品。

2. 消毒药水和驱蚊虫药水等液态药物，应妥善放置。

必备四：车辆备件类 整套随车工具、备用轮胎、火花塞、电线、绝缘胶布、铁丝、牵引绳、备用油桶、水桶、工兵铲等。

1. 检查备胎是否充足气，最好配以便携式打气筒及胎压表。

2. 检查随车所带的车用牵引绳是否结实，如发现有起毛和局部裂纹，最好更换新的，以免需要牵引时发生危险。

3. 车载DVD可为旅途增添乐趣。

其他： 过关零钱、应急装置、多功能手表、指南针、通信装置、组合刀具、野营装备、望远镜、山地车、移动DVD等。

1. 过关零钱：外出自驾车旅游，应多准备零钱，特别是10元、5元和一元硬币，以备交纳路费、停车费等杂费之需。

2. 应急装置：驾车出游可能会遇到一些意想不到的情况，最好携带上应急灯、指南针、汽车救援卡、警示牌等。

3. 通信装置：对于自驾出游来说，手机等通信设备至关重要。手机一定要充足电，最好再准备块备用电池及车载手机充电器。

4. 野营装备：自驾车出游的朋友若能准备一些野营装备，肯定会因其增添不少出游的乐趣，比如防潮垫（可在野餐时铺坐）、保温水瓶、折叠桌椅、烧烤炉、大遮阳伞等，去条件较艰苦的地方还可带睡袋。当然还可以带上一个小巧实用的车载冷热箱，可冰镇饮料或是加热些食品。

5. 望远镜：大自然的风景如诗如画，望远镜能让远处的大部分景致尽收眼底，会提高出游兴致。

6. 山地车：如果后备箱空间够大，可以考虑带辆山地车。那种驰骋于绿野草香之间的感觉，是每一个渴望自由的人都梦寐以求的。

7. 移动DVD：长途自驾游并非人们所想象的一路皆是美丽的风景。千篇一律的高速公路行驶中，如配备一个DVD，可让单调的旅途得到调节。

出行篇

⊙ 自驾游十大提醒

行前要对车“全身体检” 出行之前，应到正规车行对车辆进行一次全面检测，确保车况良好才能上路。

要在正规加油站加油 出发前应选择质量过硬的油站加满油，沿途切不可随意选择油站，应尽量选择规模较大、加油的车辆较多的油站。

出行前带齐“四大法宝” 出门在外，车子难免发生意外，“四大法宝”随车携带，有备无患。这些法宝是：拖车绳、蓄电池连接线、三角停车警告牌、备用轮胎。

事先预订酒店 事先应预订好酒店床位，可以通过旅行社订，可以找当地朋友订，也可以通过网上的旅游服务信息网订。但是要注意提防“野鸡”网站，以免交了订金，却被人“放鸽子”。

借道超车要特别注意 行车安全是随时都要注意的，但在国道、公路上开车与市区市政道路开车有一定的区别，在双车道的公路上，常常需要借道超车，这时需要特别注意。在有事故多发路段标记、地面标有实线、转弯、上下坡路段，最好不要超车。

出发前设计好旅行路线 设计出行路线可以分为两部分，一是先确定要去游览的景区景点。对景区景点的选择，除网上了解之外，还可以向旅行社和当地旅游部门咨询，最好是选择正式开放的景区景点出游，不要猎奇。二是在确定景区景点后，合理安排行车路线。行车路线的选择要遵循先高速公路、后国道的原则。同时，还要根据地图和熟悉该条路线的朋友所提供的情况，对路况、饮食、住宿、加油站等所在位置做到心中有数。

停车要注意安全 停车时一定要注意安全，在有停车场的地方一定要把车停在停车场，不要在路边乱停放。如果中途需要停车又没有停车场，最好留人在车上看管财物。在到达旅游景区后，也要将车停到停车场或指定地点顺序停放，熄火后拉紧手刹挂上挡。最好将车头调向利于游玩后开出的方向，以免之后车多移不出来。

严防“撞车党” 在自驾游途中遇到这种情况，千万不能因为害怕负事故责任而选择和他们私了，要报警，让交警来处理。

结伴而行，莫疲劳驾驶 由于自驾游一般都需要长途驾车，而且到达的地方一般也是出行者比较陌生的地方，因此初次出游的市民最好是结伴而行，不要单独出发。

修改保险单，买好养路费 出发前应到保险公司进行“保单批改”，将承保范围扩大到省外，如果是全保，通常出省一个月仅加收50元保费。

⊙ 出境旅游前要做哪些准备

1. 登录外交部网站(www.fmprc.gov.cn)，查询中国各驻外使、领馆的联系方式以及相关旅行提醒。

2. 了解旅行目的地国的情况，尽可能收集目的地国的风土人情、气候情况、治安状况、流行病疫情、法律法规等信息，并采取相关措施。

3. 检查护照有效期（剩余有效期一般应在一年以上），以免因护照有效期不足影响申请签证，或因在国外期间护照过期影响行程。

4. 办妥目的地国签证，确保自己已取得目的地国的入境签证和经停国家的过境签证，签证种类与出国目的相符，签证的有效期和停留期与出行计划一致。

5. 核对机（车、船）票。

6. 购买必要的人身安全和医疗等方面保险。面对国外陌生的环境，会存在一些安全方面的隐患，而国外医药等费用普遍较高，建议选择合适的险种，以防万一。

7. 进行必要的预防接种，并随身携带接种证明(俗称“黄皮书”）。有条件的话，最好做一次全面体检。

8. 给家人或朋友留下一份出行计划日程，约定好联络方式。建议在护照上详细写明家人或朋友的地址、电话号码，以备紧急情况下有关部门能够及时与他们取得联系。护照、签证、身份证应准备好复印件，一份留在家中，一份随身携带，还要准备几张护照相片，以备不时之需。

⊙ 境外旅游买保险有讲究

很多游客在出境旅游时会选择购买境外旅游保险。专家提醒，到境外旅游，最好选择具有医疗保障和紧急救援保障的保险，同时注意以下三个方面。

投保额要适中 一些游客在购买医疗保险时往往认为保额越高越好。其实并非如此，我们买保险要分类而论，医疗费较高的国家可以相应买一些保额高的保险。比如到美国、新加坡、日本等国旅游，医疗险的保额最好不要低于20万元。而到泰国、马来西亚等国旅游，医疗险的保额在10万元左右即可。

务必牢记救援热线 境外旅游保险很重要的一项是紧急援助，投保人一旦遇到保险问题，可第一时间拨打电话报案。小到游客在外遗失护照钱包，大到发生意外险情，都可以致电救援热线。因此，消费者应详细了解紧急救援服务内容，以及提供此项服务的境外救援公司的服务水平，从而做出最优选择。

保单可以不用随身携带 有些游客认为保单不随身携带，出险后保险公司不理赔。其实，如果出现问题，消费者可以电话报案，及时通知保险公司，保险公司会为客户进行理赔指导，并告知相关注意事项。即使保单遗失，只要是在保险期间出险，且属于保险责任范围，同样可以获得保险保障。

⊙ 出境游的禁忌

海岛：风光相似礼节不同 随着大家对东南亚海岛游的热情越来越高，对热点海岛的关注度也越来越强。为此，出境游专家提醒，由于各个海岛文化和岛上民族不同，因而需要注意的禁忌也不尽相同。

譬如印尼巴厘岛，受佛教文化影响，巴厘岛岛民非常注重宗教信仰，为表庄重和严肃，进入寺庙需脱鞋，不可露出手臂及腿。当地有以右为尊的风俗，需要注意不要用左手与别人握手，也不要用左手拿食品或用左手触摸别人。当地民族认为头部是神圣的，因而千万不要拍别人的头部，即使对方是小孩子。

另外，在巴厘岛，放生小海龟是当地政府提倡的保护自然生态的行为，巴厘岛环保组织还会颁发证书表彰游客的这种行为。但是在马来西亚入选“全球十大度假胜地”的兰卡威，岛上居民忌讳海龟，海龟被视为不祥的动物，游客要尽量避免接触；岛上还有比较特别的规定。例如，除了皇室成员，一般都不穿着黄色的衣服。

中东：服饰和礼仪要慎重 近两年来阿联酋、以色列、土耳其、埃及、黎巴嫩、叙利亚等中东国家和地区，是不少新人选择度蜜月的全新目的地。由于中东大多数国家和地区都信奉伊斯兰教，当地民族宗教色彩很浓烈，出游之前详细了解当地礼仪细节和禁忌尤其重要。

由于某种原因，阿拉伯等很多地方对穿着星星图案衣服的人反应强烈，对有星星图案的包装纸也不欢迎。因此，去这些国家旅游时，应尽量避免穿有星星图案的衣服或饰物等。

服饰之外，礼仪细节也非常特别，在中东、近东地区双手交叉着说话会被认为是侮辱对方的表现。在国内，惯用道歉用语“抱歉”，在以色列却不能以一句“抱歉”了事，你必须把之所以如此的理由详尽地说出来，除非对方彻底了解，否则寸步不让。在沙特阿拉伯，不能在街上或者宴会等公共场合抽烟，当地人没有抽烟的习惯；无论是拜访客人还是进入清真寺参观，都需要脱鞋。

欧洲：言语需彰显绅士风度 欧洲国家与美国的礼俗有许多相似之处，但相对来说，欧洲人比美国人保守，因而对礼节更加注重。

欧洲人说话声音较低，特别是在公共场所。除了说话尽量轻声，还要注意得体地运用语言。现在欧洲各国对迎接我国游客做了不少准备，如巴黎塞纳河的游船和卢浮宫都有了详尽的中文解说。值得注意的是，欧洲许多非英语国家，如德国、法国和意大利等，在语言上有着极强的民族自尊心。而不少中国游客见到欧洲人就喊“哈啰”，这常引起他们的反感。

欧洲各国都非常注重博物馆展示，大部分著名的国家博物馆都对游客开放。在参观一些重要展品时，部分中国游客喜欢动手摸一摸，这是参观的忌讳。如巴黎卢浮宫的维纳斯和蒙娜丽莎等，千万不要好奇地动手去摸，这会引起大麻烦。另外，欧洲大多数商店都很小，但布置精巧，店主不喜欢顾客东摸西摸。

“看人”也是海外旅游的一个重要内容，但看人的时候也要有些风度，不要盯住不放，有时也要看场合。譬如在法国，大街上时常会见到情侣拥吻，大部分人从他们身后匆匆走过，会心一笑而已；而如果对他们盯住不放，拿来当“秀”看，会被视为无礼的举动。

德国的地铁是采取“荣誉制度”的，即乘车者无票上车，出站时自觉付款，无人监督。国人切记不要利用这种自觉性的制度来贪小便宜。旅途中购物必不可少，而在英国购物，最忌讳的是砍价。英国人不喜欢讨价还价，会认为这是很丢面子的事情。

除了普遍适用的礼仪细节外，欧洲旅途还有不少特别的忌讳。如饱受侵略的苏格兰先人有过毒咒，因此，千万不要拿苏格兰的石头，或者用小石头做纪念品。在德国禁止用打响指的方式招呼他人，尤其是侍者，德国人认为响指是用来招呼狗的。去匈牙利旅游，不论是住店还是用餐，千万别弄碎玻璃器皿，如果有人不小心打碎了玻璃器皿，就会被认为要交厄运了，就会成为不受欢迎的人。而到比利时，请避免穿着蓝色的服饰，因为在当地人看来那是恶兆。在希腊，不要随便摆手，摇晃手指本来就有藐视他人的成分。

⊙ 出境旅游支付小费技巧

哪些国家有付小费的习惯 国外很多地方都有付小费的习惯，比如亚洲的泰国，欧洲的英国、瑞士、法国、意大利，美洲的美国、加拿大、墨西哥以及中东等国家和地区。

为什么要付小费 在国外多数国家，付小费是一种对从事服务性工作人员的一种正常的付费方式。因国情不同，在许多国家小费是下层服务人员的一项重要收入来源。而对客人来说，付小费本身也具有丰富的含义：既能代表客人对服务人员为其付出劳动的尊重，也可以表达客人对服务工作的一种肯定和感谢之情。

小费要付给谁 并不是所有的服务都要给小费。按照惯例，除了饭店不曾谋面的打扫房间的服务生一定要给小费外，对许多当面给客人提供特殊服务的人也要付小费。饭店的行李员如果笑盈盈地帮你将行李提到了房间，你就应当付小费给他。出租车的司机把你拉到目的地，你在计价器显示数字基础上要增加一点车费作小费。

付小费有什么标准 每个国家的具体情况不同，因此需在到达这个国家时，问当地的导游较为妥当。一般情况下，小费的计算方法有三种：一是按账单金额的10%～15%左右计算，二是按件数计算，三是按服务次数计算。如在美国和加拿大，对搬运行李的饭店服务员，可按每件行李1美元付费，客房服务员每天可付一至两美元左右的小费。在美国的餐馆就餐后可加付15%的小费；在英国，付给机场、饭店行李搬运工的小费一般在每件30便士左右；在法国，对出租车司机、博物馆解说员等付两法郎足矣。在意大利餐馆里就餐，客人最多对服务员付10%的小费，坐出租车则不一定要给小费，把车钱凑成整数就行了。

如何付小费 付小费有一些技巧和惯例。给打扫房间的服务生的小费，在离开房间时放在显眼的位置即可。小费忌放在枕头底下，那样的话会被服务生认为是客人自己的钱忘了收好。如果能在桌子上放小费的同时，留一张“THANK YOU”的纸条，会赢得服务生的欢迎和尊重。倘使当面要付小费给行李员，那最好是在与他握手表示感谢的同时将小费暗暗给他。给导游、司机的小费，则要由团员一起交齐后放到信封里，由一名代表当众给他们。

刷卡消费，怎样付小费 在国外持卡消费时，信用卡签购单上一般会有三栏金额：基本消费金额、小费及总金额。通常商店会在签单上印出基本消费金额，至于小费栏与总金额栏则会留下空白。可根据本人意愿在“小费”栏填写支付金额，加总后填入“总金额”栏内，最后签单。

⊙ 怎样避免野外迷路受困

在野外旅行时必须随时随地观察周围的地形，以确定方向。在离开自己的帐篷、汽车、独木舟、小船等物之前，要仔细观察周围地形，确定左右各种固定的目标向导，如山峰、绝壁、寺庙、大树等。

出发前要对营地周围那些突出的目标有个清楚的记忆，以便在返回时，能用这些目标做向导。

当离开某一个地方时，要记住是从哪一边离开的，把这些作为基本路线。

记住来时与返回时经过了多少条溪流，多少座山峰，多少条岔道。将自己走过的路画出一个线路图。

对于缺乏野外活动经验的一般登山旅游者来说，最谨慎的办法还是沿着旧路走，千万不要冒失地离开山径而从“新路”下山。如果你是有意去走新路“探险”的话，一定要做好充分准备，行前告诉家人及朋友，带足食品及饮用水，并沿途做好醒目的路标，以备走不出去时按原路退回。

⊙ 旅途中五招辨别南北

方法一：找到一棵树桩进行观察，年轮宽面是南方。

方法二：观察一棵树，其南侧的枝叶茂盛而北侧的稀疏。

方法三：观察蚂蚁的洞穴，洞口大都是朝南的。

方法四：在岩石众多的地方，可以找一块醒目的岩石来观察，岩石上布满青苔的一面是北侧，干燥光秃的一面为南侧。

方法五：还可以利用手表来辨识方向：你所处的时间除以2，再把所得的商数对准太阳，表盘上12所指的方向就是北方。

⊙ 登山迷路如何自救

1. 争取回到有旅游山路的某个地方。即使你已经下到谷底，也要咬牙找回去。因为只有在旅游山路上，获救的概率才会大一些。

2. 如果找不到旅游山路，争取找到一条小溪，顺着溪流走。

3. 如果山里没有溪流，就应想办法登上一座较高的山冈。根据太阳或远方的参照物（如村庄、水库、公路）辨别好大致的方向和方位，在这个方向上选定一个距离合适、也容易辨认的目标山冈，向目标山冈前进。

4. 如果人多，可以考虑把人员分成两组。一组留在原地山顶，另一组则下山。下山的人要时常回头，征询山顶留守者对自己前进方向的意见。若偏离了正确方向，山顶的人要用声音或手势提醒他们纠正错误。当下山者登上另一个山冈时，他们再指挥原来留守山顶的人下山前进。这样，用“接力指挥”的方式交叉前进，就不会在山谷里原地打转了。

5. 如果登山者只有一个人，那么就要在辨别好方位的情况下下山，并不断抬头看着自己原来选定好的目标山冈，坚持走下去，就会脱离险境。

⊙ 风雨中迷路如何自救

如有维生袋（能容纳整个人的防水塑料袋），或其他维生装备，可留在原地等待雨过天晴，如没有维生袋装备，切不可留在原地，应迅速离开。

如带着地图，应查看附近有没有危险地带。例如，密集的等高线表示陡峭的山崖，应该绕道而行。

溪涧流向显示下山的路线，但不要贴近溪涧而行，应该寻着水声沿溪流下山。因为山上流水浸蚀河道的力量很强，河岸非常陡峭。

下山时留意有没有农舍或其他可避风雨的地方，小径附近通常都可以找到藏身之所。

别走进长着浅绿、穗状草丛的洼地，那里很可能是沼泽。

⊙ 黑夜迷路如何自救

如有月光，可看到四周环境，应该设法走向公路或农舍。

如果身处漆黑的山中，看不清四周环境，不要继续行走，应该找个藏身之处，如墙垣或岩石背风的一面。

如果带有维生袋，应该钻进里面。若没有维生袋，可以几个人挤成一团，这样也能熬过寒夜。中间位置最为温暖，因此相互间应该不时易位。

⊙ 雪地迷路如何自救

雪反射的白光与天空的颜色一样时，地形变得模糊不清，地平线、高度、深度和阴影完全隐去，爬山运动员和探险家称这种现象为“乳白天空”。此时，最好停下来，等待乳白天空消失。如等待时有暴风雨来临，应挖空雪堆做个坑，或扩大树根部分的雪坑，然后钻进去。

如有维生袋，垫以背后或搜集树叶枯草，隔开冰冷地面，然后钻进去。

尽量多穿几层衣服，若最外层衣服有纽扣或拉链，先扣好、拉上，然后套在身上。

在衣服内交叉双臂，手掌夹于腋下，以保温暖。

如必须继续前行，可利用地图和指南针寻找方向。一边走一边向前扔雪球，留意雪球落在什么地方和怎样滚动，以探测斜坡的斜向。如果雪球一去无踪，前面就可能是悬崖，那就要小心行走了。

⊙ 浓雾中迷路如何自救

拿出地图，并转至与指南针同向，循指南针所指，朝自己要走的方向望去，选定一个容易辨认的目标，如岩石、乔木、蕨叶等。向目标走过去，再循指南针寻找前面的另一个目标。连续使用这个方法，直至脱离浓雾。

如果没有地图或指南针，应该留在原地，等待雾霭消散。

⊙ 出游须防莱姆病

莱姆病是由伯氏疏螺旋体引起的以蜱(俗称草爬子)为传播媒介的人畜共患自然疫源性疾病，是一种对人类危害相当大的传染病。

该病多发在春夏季节，一般在4月份开始出现，5月份明显增多，6、7月份达到高峰。而这些季节正是旅游旺季，要引起高度重视。

在旅游过程中，为防止蜱的侵袭，除了要做好个体防护，还要做到以下几点：

1. 在进入森林、灌木丛或草地活动时，要穿上色彩鲜明的长袖衫、长裤，并将裤口塞进袜子内或缩紧裤口，或穿高帮鞋。

2. 在森林、灌木丛中宜快步行走而不作停留或尽量减少停留，不要坐或躺在草地上休息。

3. 在林区或山区游玩了2～4小时后，要全面检查衣服和体表，若发现蜱叮咬身体，宜轻轻摇动使其自然脱落或轻轻拔出，叮咬伤口处用碘酒和酒精消毒。蜱叮咬身体的时间越长，传播病原体的可能性就越大，叮吸时间若短于24小时则难以传播感染。因此，及时发现叮吸人血的蜱并尽早拔除，是预防和减少莱姆病发生的最重要的措施。

4. 旅游回来后，要沐浴更衣，如果发现身上有红斑出现，要及时去正规的医院就医。

⊙ 如何应对旅游病

由于外出旅游接触面广，饮食不卫生，加之身体容易疲劳，容易得各种“旅游病”。

紫外线辐射 盛夏时节紫外线辐射较强，稍不注意就可能发生日光性皮炎、色素增加甚至引发雀斑，紫外线辐射还会抑制人体免疫系统，使潜伏的病毒感染复发。因此，要想办法减弱紫外线辐射的危害。

1. 合理安排游玩时间，尽可能避免中午外出。

2. 尽量穿色浅、质薄的衣服，以宽松、吸汗性强的长袖衣服为好。

3. 在烈日下戴上防护帽及太阳镜。

4. 多听当地的天气预报，了解紫外线辐射强度，并选用合适的防晒用品保护皮肤。

花粉过敏 花粉过敏症一般表现为呼吸道和眼部出现不适症状，如鼻塞、流涕、打喷嚏，鼻腔、眼角以及全身发痒，与支气管哮喘症状相似。春、夏、秋三季是花粉过敏症的流行高峰期。

因此，有过敏反应的人最好不要选择有风的天气去旅游。如需外出，要备上脱敏药物，如苯海拉明、扑尔敏等。

海鲜过敏 海鲜加啤酒，非常容易过敏。症状为身上有红块块，严重的甚至全身出现红斑，并奇痒难忍。不少过敏体质的人对海鲜只有轻微过敏反应，而喝酒时血液流动加速，容易使过敏现象加快、加重。甚至一些平时吃海鲜没什么问题的人，喝了酒后，也会出现过敏现象。

因此，要尽量少吃海鲜，如果实在嘴馋，建议先吃一些抗过敏药，免得扫了游兴。

旅游露宿症 有些青年人在夏、秋季节旅游时，为了贪图凉快，喜欢在野外露宿。结果，第二天醒来不是头痛、头晕，就是腹痛、腹泻、四肢酸痛，周身不适。

预防旅游露宿症，最好的办法是不在野外露宿，如确实找不到住处，也应搭个简易帐篷，且露宿地点应选择在干燥、通风、平坦之处，最好选择东南坡。打地铺时，可找些干草当“褥子”，既防潮又解乏。

海滨旅游症 海滨空气湿度大，空气中钠离子含量较高，患有急性风湿病、糖尿病、甲状腺功能亢进、渗出性胸膜炎和心力衰竭的人不宜去海滨旅游，否则会加重病情，患上海滨旅游症。

洞穴旅游症 洞穴里固然凉爽，但并不是任何洞穴都可随便进去，一些人迹罕至的岩洞、荒废的古塔滋生着各种各样的细菌、病毒，游人易被感染；而且这些地方还常有毒蛇、蝙蝠等出没。因此，外出旅游不要见洞即进，要调查清楚，以免受到伤害。

高山反应 旅游者在出游登山时很容易出现高山反应，表现为呕吐、耳鸣、头痛、发烧，严重者会出现感觉迟钝、情绪不宁、产生幻觉等症状，也可能产生浮肿、休克或痉挛等症状。

出游者登山的速度不宜太快，最好步调平稳并配合呼吸，同时要视坡度的急缓作调整，使运动量和呼吸成正比，尤其避免急促的呼吸。上升的高度应缓慢增加，每次攀爬的高度应适当控制，以适应气压降低、空气稀薄的环境。行程不宜太紧迫，睡眠、饮食要充足正常，经常性地作短时间的休息，休息时可做柔软操或深呼吸来强化循环功能及适应高度。

晕倒昏厥 在旅行过程中若发生有人晕倒昏厥，千万不可随意搬动患者，应首先观察其心跳和呼吸是否正常。若心跳、呼吸正常，可轻拍患者并大声呼唤使其清醒。如患者无反应则说明情况比较严重，应使其头部偏向一侧并稍放低，取后仰头姿势，然后采取人工呼吸和心脏按摩的方法进行急救。

腹泻 旅游时到了一个新的环境，由于气候、风土、饮食等变化，会破坏肠道菌群原有的生态平衡，因而出现腹泻现象。

旅游中发生腹泻，可服用黄连素片，如果泻得实在厉害，甚至出现了肠胃痉挛，游客可以用热水袋热敷腹部，以缓解痉挛状况。如果没有热水袋，可以用厚实的塑料袋代替。身边应备一些酒精棉球，对碗筷消毒。美食面前要记得“点到为止”，不直接喝山泉水。

阑尾炎 阑尾炎是旅游时比较容易出现的疾病。绝大多数游客出门旅游时都有这样的心态：希望在有限时间内多看几个景点。这样做的后果是，把自己搞得很累。而异地的气候和饮食习惯有时让游人不适应，这些都是引起阑尾炎的诱因。另外，感冒也可能引发阑尾炎。

游客应注意劳逸结合以及饮食卫生，并根据天气状况随时增减衣物，防止感冒。如果发现有腹痛、胃痛、发烧等阑尾炎的先兆，要及时看医生，以免小病引起大麻烦。

心绞痛 有心绞痛病史的患者，出外游玩时应随身携带急救药品。如遇到有人发生心绞痛，不可搬动患者，要迅速给予硝酸甘油让其含于舌下。

胆绞痛 旅游途中若摄入过多的高脂肪和高蛋白饮食，容易诱发急性胆绞痛。患者发病后应静卧于床，并用热水袋在其右上腹热敷，也可用拇指压迫刺激足三里穴位，以缓解疼痛。

胆囊炎 急性胆囊炎是旅游中最为常见的急病之一。如果吃完饭以后，上腹部靠右边剧烈绞痛，不敢直腰，不敢碰，甚至疼得在地上打滚和喊叫，那么很有可能是胆囊炎急性发作了。医治不及时的话，会引发胰腺炎等病，严重的会有生命危险。

为了预防胆囊炎，我们在旅游时要少吃油腻、油炸类的食品，尽量少喝酒，另外还要注意休息。

关节扭伤 旅途中关节扭伤后切忌立即揉搓、按摩，应马上用冷水或冰块冷敷约15分钟，然后用手帕或绷带扎紧扭伤部位，也可就地取材用活血、散瘀、消肿的中药外敷包扎。

⊙ 怎样写旅游投诉信

写投诉信应本着真实的原则，如实地反映情况。根据1991年国家旅游局颁布的《旅游投诉暂行规定》，投诉信应包括以下几部分：

1. 投诉者的姓名、性别、国籍、职业、单位（团体）名称、地址、联系电话。

2. 被投诉者的名称、通信地址、联系电话。

3. 投诉的事实与理由。

4. 具体赔偿要求。

5. 与事实有关的证明材料，如合同、传真、机船车票、门票、凭证、发票的复印件等。

另外，投诉者应该按照被投诉者数提出诉状副本，并依法在投诉过程中提供新证据。

⊙ 旅游投诉必须符合哪些条件

1. 直接利害关系明确。即投诉者是与本案有直接利害关系的旅游者、海外旅行商、国内旅游经营者和从业人员。被投诉人的行为直接使投诉人的健康、经济以及经营信誉受到损害。

2. 有明确的被投诉者、具体的投诉请求和事实根据。

3. 有损害行为发生。这种损害行为具有违法、违纪、违反旅游服务规则的性质才属被投诉之列。若属于被投诉者履行正当职务行为，则应受到法律保护，不属被诉之列。

4. 投诉所涉纠纷与旅游活动有因果关系。即投诉所涉纠纷必须是因旅游活动而发生的，并且是发生在旅游过程中，或者是与旅游活动有密切联系的。